肉鸡养殖轻简化技术图册

主　编

赵桂苹

副主编

申　杰　黎寿丰

金盾出版社

内 容 提 要

本书由中国农业科学院北京畜牧兽医研究所专家编著。内容包括:肉鸡主推技术和选育技术,肉鸡营养需要与饲料配制技术,肉鸡环境控制技术,肉鸡养殖疾病防控技术,饲养管理轻简化技术等。本书内容丰富,技术先进,通俗易懂,实用性、针对性、可操作性很强,可供各级畜禽疾病防控中心和养殖场技术人员阅读,亦可供农业院校相关专业师生阅读参考。

图书在版编目(CIP)数据

肉鸡养殖轻简化技术图册/赵桂苹主编 . —北京 : 金盾出版社,2017.1 (2017.4重印)
ISBN 978-7-5186-0964-2

Ⅰ.①肉… Ⅱ.①赵… Ⅲ.①肉用鸡—饲养管理—技术图册 Ⅳ.①S831.4

中国版本图书馆 CIP 数据核字(2016)第 153295 号

金盾出版社出版、总发行
北京太平路 5 号(地铁万寿路站往南)
邮政编码:100036 电话:68214039 83219215
传真:68276683 网址:www.jdcbs.cn
北京印刷一厂印刷、装订
各地新华书店经销
开本:850×1168 1/32 印张:5.875 字数:100 千字
2017 年 4 月第 1 版第 2 次印刷
印数:4001~8000 册 定价:28.00 元

目　录

第一章 肉鸡主推品种和选育技术

一、一种用基因多态性位点预示和鉴定鸡腹脂量的分子标记方法

（一）技术名称

一种用基因多态性位点预示和鉴定鸡腹脂量的分子标记方法。

（二）特征特性

分析基因多态性的方法是通过检测单碱基的突变确定基因型。

（三）适用范围

主要在具备分子检测技术的企业中应用，用于培育低腹脂肉鸡。

（四）技术要点

1. 按照常规的酚—氯仿法提取鸡基因组 DNA，具体操作方法如下：

① 用剪去尖端的枪头取 20μL 鸡全血，加入装有 700μL 1×SET 溶液的 1.5mL 离心管中，轻轻混匀。

②加入 20μL 蛋白酶 K（10mg/mL）和 20μL 10% SDS，置于水平摇床，55℃ 220rpm 消化 10～12h，直至溶液中无血块。

③向消化液中加入 500 μL Tris 饱和酚，轻轻来回颠倒，使其混匀。

④ 13 400 r/min 离心 10 min，用剪去尖端的枪头将上层水相小心移到另一个灭菌的 1.5 mL 离心管中，弃去有机相。

⑤向离心管中加入 400 mL 的酚、氯仿、异戊醇混合液（体积比为 24∶23∶1），轻轻来回颠倒混合 10 min。13 400 r/min 离心 10 min，转移水相到另一个灭菌的 1.5 mL 离心管中。

⑥向离心管中加入 500 μL 的氯仿、异戊醇混合液（体积比 23∶1），轻轻来回颠倒混合 10 min，13 400 r/min 离心 10 min，转移水相到另一个灭菌的 1.5 mL 离心管中。

⑦向离心管中加入 700 μL 冰冷的无水乙醇，轻轻来回颠倒混合直至出现乳白色的 DNA 絮状物。

⑧ 5 300 r/min 离心 10 min，小心倒掉离心管中的无水乙醇。用 1 mL 冰冷的 70% 乙醇洗 1 次。

⑨ 5 300 r/min 离心 5 min，小心倒掉离心管中的乙醇，将离心管倒置在干净的滤纸上，让乙醇自然挥发，置于空气中干燥 5 ~ 10 min。

⑩向离心管中加入 200 μL 的灭菌 TE 缓冲液，置于 50℃ 水浴锅中溶解基因组 DNA3 ~ 4 h。溶解后将基因组贮存于 -20℃ 备用。

2. 以如下一对引物对鸡 DNA 进行 PCR 扩增　扩增产物用 1% 琼脂糖凝胶电泳进行检测，PCR 扩增特异性良好，片段长度与预期的片段大小一致（186 bp），见图 1-1。

正向引物 5'-TAG, GTG, GAT, GGT, TGG, GCT, TGA-3'
反向引物 5'-CCC, CAT, CCT, CCA, CCA, CAT, G-3'

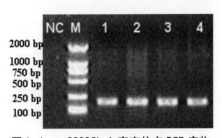

图 1—1　c.2292G＞A 突变位点 PCR 产物

注：NC：阴性对照；M：DL2000 分子量标准；1 ~ 4：PCR 产物

3. 利用限制性内切酶 MwoⅠ 消化酶切扩增的 PCR 产物，酶切体系及反应条件如下：

内切酶 10.U／μL　　　　0.5 μL

10×Buffer　　　　　　2.0 μL

PCR 产物　　　　　　0.5 μg

加去离子水至　　　　10 μL

将上述反应液置于一定温度（具体水浴温度以内切酶说明书为准）水浴锅中消化 3 ~ 5 h，将消化后产物进行琼脂糖凝胶电泳或聚丙烯酰胺凝胶电泳进行基因型分型检测。

4. 使用 14% 的聚丙烯酰胺凝胶对 PCR 产物进行电泳分型

（1）14% 非变性聚丙烯酰胺凝胶制作及电泳

①用洗涤剂清洗制胶用的玻璃板并用蒸馏水冲洗干净，待干燥后，用 0.8% 琼脂糖封闭玻璃板和胶条间的缝隙。

②在 25 mL 离心管中加入 30% 丙烯酰胺 11.6 mL，5×TBE 5 mL，10% 过硫酸铵 0.175 mL，TEMED 8 μL，去离子水 8.2 mL，混匀后迅速灌胶。

③浇灌至离缺口坡墙板上沿约 0.2 cm 时停止灌胶，插入梳子，室温下聚合 10 ~ 20 min。

④凝胶聚合好后，在自来水下用注射器冲洗加样孔，向电泳

槽加入 1×TBE。

⑤预电泳 10 min。

⑥取 2 μL PCR 产物加入 3 μL 10×Loading Buffer，用微量移液器点样。

⑦ 180V，电泳 3～4 h。

（2）硝酸银染色方法

①电泳结束后小心取下凝胶，并按点样顺序做好标记，置于含 200 mL 70% 乙醇的托盘中，水平振荡器缓慢摇匀固定 10～15 min。

②用双蒸水洗胶 2 遍，除去残留乙醇，每次 3 min。

③向托盘中加入 200 mL 染色液，染色 30～40 min。

④用双蒸水洗胶 3 遍，除去染色液，每次 3 min。

⑤向托盘中加入 200 mL 显色液显色，经 10～30 min，直至 DNA 条带颜色强度适中，倒掉显色液。

⑥用双蒸水洗掉残留的显色液，将凝胶置于封口膜中保存。

（3）分型结果　结果显示 3 种基因型，其中未被限制性内切酶 MwoI 切开的，产物片段大小为 186 bp，命名为 AA；被 MwoI 完全切开的，产物片段大小为 165 bp 和 21 bp，命名为 GG；杂合子称为 AG，见图 1-2。

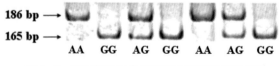

图 1-2　不同基因型个体的聚丙烯凝胶电泳结果

5. **结论**　具有 AA 型个体的腹脂重和腹脂率显著高于 GG 基因型个体的腹脂重和腹脂率；因而选择 GG 基因型个体将有效地降低鸡只的腹脂重和腹脂率，从而有利于加速低脂肉鸡的培育。

（五）技术依托单位

依托单位：东北农业大学

联系人：李辉

联系电话：0451-55191516

电子邮箱：lihui@neau.edu.cn

（供稿人：肉鸡产业技术体系快大型肉鸡品种选育岗位专家）

二、优质鸡青脚与羽速等伴性外观性状的分子改良技术

（一）技术名称

优质鸡青脚与羽速等伴性外观性状的分子改良技术。

（二）特征特性

通过分子检测方法直接确定伴性基因杂合子和纯合子的基因型，无须通过测交方法。

（三）适应范围

适合培育含青脚基因或者快慢羽基因优质鸡新品种（配套系）、新品系。

（四）技术要点

我国西南、华东、华中等地较为喜爱青脚的优质鸡，因此上述配套中需要培育青脚品系。青脚性状是一个隐性伴性性状，已知受 ID 基因座（Inhibitor of dermal melanin）控制，ID 对 id 显性。

羽速基因是优质鸡常用的伴性基因，该伴性基因的分子基础是一段拷贝变异造成。拷贝变异的分子检测技术较为复杂，经过本研究团队的努力，我们建立起该基因的一种快速分子检测方法，可以鉴别出纯合与杂合基因型。

用于杂交配套的品系必须纯度高，但优质鸡品系常常出现纯度不够的情况，建立品系前，通过对拟用于建立品系个体的分子检测，淘汰杂合基因型，可提高品系纯度。该技术可以快速确定育种工作中需要鉴别青脚与羽速等伴性外观性状的基因型，该技术已经得到初步推广。

1. 青脚基因

（1）收集 DNA 样品　取全血 30 μL 加入 1×SET 470 μL、20％SDS 12.5. μL 和 0.01mg 蛋白酶 K，混合均匀后放于 55℃水浴锅过夜；然后用 Tris 饱和酚抽提 2～3 次，酚／氯仿／异戊醇（24/23/1）及氯仿／异戊醇（23/1）各抽提 1 次，无水乙醇沉淀，75％乙醇洗涤并干燥，最后加入 100 μL 1×TE 于 55℃水浴锅中溶解过夜。DNA 溶液根据其在紫外分光光度计或琼脂糖电泳所检测到的浓度以适当体积稀释至约为 25ng/μL，4℃冰箱中保存备用。

（2）测定基因型　飞行质谱方法测定青脚基因的基因型。

2. 羽速基因

（1）收集 DNA 样品　取全血 30 μL 加入 1×SET 470 μL、20％SDS 12.5. μL 和 0.01mg 蛋白酶 K，混合均匀后放于 55℃水浴锅过夜；然后用 Tris 饱和酚抽提 2～3 次，酚／氯仿／异戊醇（24/23/1）及氯仿／异戊醇（23/1）各抽提 1 次，无水乙醇沉淀，75％乙醇洗涤并干燥，最后加入 100 μL 1×TE 于 55℃水浴锅中溶解过夜。DNA 溶液根据其在紫外分光光度计或琼脂糖电泳所检测到的浓度以适当体积稀释至约为 25ng/μL，4℃冰箱中保存备用。

（2）测定基因型 定量PCR方法检测伴性基因的基因型，见图1-3。

（五）技术依托单位

依托单位：华南农业大学动物科学学院

联系电话：020-85285067，85285703

联系人：许继国 13202068447

电子邮箱：3425614@qq.com

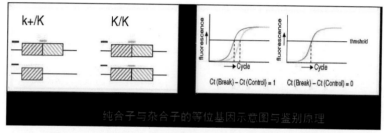

图1-3 定量PCR方法确定快慢羽基因的杂合子与纯合子

三、大恒699肉鸡配套系种鸡自然交配笼设计及应用

（一）技术名称

大恒699肉鸡配套系种鸡自然交配笼设计及应用。

（二）技术概述

利用自然交配笼养殖方式进行大恒699肉鸡配套系祖代和父母代种鸡的生产。在以规模化、设施化为主要特征的标准化规模养殖发展进程中，自然交配可有效提高动物福利，降低人工成本，减少种鸡受到人为伤害，提高产蛋性能，降低破蛋率。但是黄羽

肉鸡在全国乃至全世界范围内尚无自然交配笼成熟设计及应用案例。有鉴于此，我们结合生产实际应用和使用结果提出大恒699肉鸡配套系种鸡自然交配养殖关键技术，以期对大恒699肉鸡配套系健康养殖起到指导作用。

（三）技术要点

1. **设计参数**　　自然交配笼为H形层叠式，每组笼宽度100～110cm，笼体长度220～240cm，每层高度60～70cm，笼内坡度14°，采食高度10～15cm，采食宽度8～8.5cm。采食位需纵向设计，防止公鸡采食过程中卡住头和冠；为保证笼底网牢固性和弹性，底网单根网线最小直径应不低于1.8mm，网格面积1.5～2.5cm^2。

2. **配套设施**　　配套使用饮水系统、温控系统、照明系统、链条式喂料系统、捡蛋系统和自动清粪系统。封闭式养殖舍所有系统推荐采用全自动化控制，半封闭式舍可采用部分自动化控制或人工控制。

3. **饲养管理**　　鸡群70日龄后可转入自然交配笼饲养至产蛋期末，种公鸡应先于母鸡2周龄放入自然交配笼，最佳自然交配公母配比为1:8，一般为，每组每层投放4只公鸡和32只母鸡，单只鸡所占笼位面积不得低于600cm^2，后期公鸡需要更换时，为防止单只公鸡被其他公鸡打斗，每次每笼同时更换数量不得低于2只（图1-4至图1-6）。

图1-4　大恒699肉鸡配套系种鸡自然交配笼试样

图 1-5　大恒 699 肉鸡配套系
自然交配笼成品

图 1-6 大恒 699 肉鸡配套系
自然交配笼养系统

（四）适宜区域

适合四川省及具有相似养殖环境条件的我国其他地区。

（五）注意事项

1.每组鸡笼层数根据鸡舍具体高度并结合操作性确定，为便于防疫，推荐使用 2～3 层。

2.该笼架系统仅适合于大恒 699 肉鸡配套系祖代和父母代种鸡，其他品种需要调整参数。

3.配套使用的自动清粪系统只能采用传粪带清粪方式，而不能配置刮粪板清粪系统。

4.饲养过程中注意及时更换弱小的种公鸡。

（六）技术依托单位

依托单位：四川省畜牧科学研究院
　　　　　四川大恒家禽育种有限公司
联系地址：四川省成都市锦江区二环路东四段牛沙路 7 号
邮政编码：610066
联系人：杨朝武、李晴云

联系电话：028-84555593

传真号码：028-84555972

电子邮箱：cwyang@foxmail.com

（供稿人：肉鸡产业技术体系育种规划与核心群建立岗位专家 蒋小松）

四、一种鸡抗病新品系的培育方法及与鸡抗病能力相关的 SNP 标记

（一）技术名称

一种鸡抗病新品系的培育方法及与鸡抗病能力相关的 SNP 标记。

（二）特征特性

Toll 样受体 4 基因（TLR4）和基因（GenBank：JQ711152.1）的 A1832-G1832 碱基突变与异嗜性粒细胞/淋巴细胞的比值（H/L）显著相关，可应用于鸡抗病新品系育种，通过异嗜性粒细胞/淋巴细胞的比值表型选择与该 SNP 标记基因型辅助选择相结合，可选择出抗病能力强的鸡品系（种）。该方法具有操作简便、检测费用低廉、准确的特点，且可进行早期选择，选出的抗性品系（种）遗传稳定性良好。

（三）适用范围

适用于需要提高现有品系的抗病力或是选育抗病新品系的企业及单位。

（四）技术要点

①对 55 ～ 60 日龄的候选鸡翅下静脉采血，制作血液涂片，

测定异嗜性粒细胞／淋巴细胞的比值；同时取静脉血，制成抗凝血，提取基因组DNA，测定SNP标记1832bp位点的碱基状态（AA/AG/GG）。

其中待测鸡的SNP标记基因型检测方法为：提取待测鸡的基因组DNA，DNA为模板，利用引物F和R，通过PCR反应扩增出鸡TLR473bp片段。其中，F:5'-TGAACTTCCTGAAATGGGT-3'；R:5'-GGTGTGTGGCATATCATTG-3'；最后检测PCR扩增产物，如果扩增产物序列中43bp处的碱基为A，则待测鸡属于抗病能力强的个体。

其中，PCR反应体系以50μL计为：

模板DNA	1μL
10×PCR反应缓冲液	5μL
25mmol/L MgCl$_2$	3μL
10mmol/L dNTP$_s$	4μL
10pmol/μL 上游引物	1μL
10pmol/μL 下游引物	1μL
5U/μL TaqDNA聚合酶	1.5μL
ddH$_2$O	33.5μL

PCR反应条件为：94℃ 10min，95℃ 50s，58℃ 30s，72℃ 30s，共32个循环；72℃ 10min。

血液中异嗜性粒细胞／淋巴细胞比值的测定方法为：血涂片用改良的瑞氏和姬姆萨复合染色液染色，然后用PBS缓冲液冲洗，晾干，滴1滴松柏油，盖上盖玻片，在100倍油镜下呈"Z"字形轨迹计数，淋巴细胞、异嗜性粒细胞和单核细胞共计100个，计算异嗜性粒细胞／淋巴细胞比值（图1-7）。

②留种时，首先利用异嗜性粒细胞／淋巴细胞的比值进行优势双亲个体的选择，其次查看SNPA1832G的多态性，避免选择

肉鸡养殖轻简化技术图册

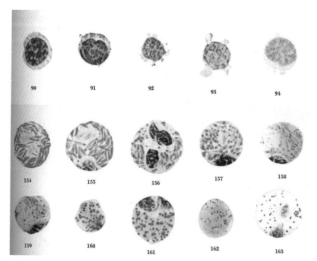

图1-7 正常的血液淋巴细胞（90～94）和异嗜性粒细胞（154～163）

GG 型个体。

③按照每个世代不低于 30 只公鸡，公母比例不低于 1∶3 的留种数量组建新的家系和繁种。

进一步地，所述候选个体数量不小于 500 只，其中公鸡所占比例不高于 1/3，所述优势个体的选择为由低到高选择异嗜性粒细胞／淋巴细胞的比值较低的个体。

（五）技术依托单位

依托单位：中国农业科学院北京畜牧兽医研究所

联系地址：北京市海淀区圆明园西路 2 号

邮政编码：100193

联系人：赵桂苹

联系电话：010-62816019

电子邮箱：zhaoguiping@caas.cn

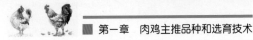

（供稿人：肉鸡产业技术体系黄羽肉鸡品种选育专家　文杰）

五、京海黄鸡

（一）品种名称

京海黄鸡（农 09 新品种证字第 20 号）。

（二）品种特性

体型外貌特征：

京海黄鸡公鸡体型中等，羽呈金黄色，主翼羽、颈羽、尾羽末端有黑色斑；单冠，冠齿 4 ～ 9 个。喙短、呈黄色。肉髯呈椭圆形，颜色鲜红。胫细、呈黄色，无胫羽。母鸡体型中等，羽呈黄色，主翼羽、颈羽、尾羽尖端有黑色斑。单冠，冠齿 4 ～ 9 个，呈鲜红色。喙短、呈黄色，肉髯椭圆形、呈鲜红色，胫细、呈黄色。皮肤呈黄色或肉色。蛋壳呈浅褐色或褐色。公、母雏鸡绒毛呈黄色（图 1-8）。

图 1-8　京海黄鸡父母代

（三）生产性能

体重和体尺见表1-1。

表1-1 京海黄鸡成年体重和体尺

性别	体重(g)	体斜长(cm)	胸深(cm)	胸宽(cm)	龙骨长(cm)	骨盆宽(cm)	胫长(cm)	胫围(cm)
公	2270±146	19.8±0.4	10.9±0.5	6.5±0.2	10.9±0.1	6.5±0.1	8.8±0.2	4.8±0.3
母	1646±131	16.9±0.4	8.1±0.4	6.1±0.3	8.1±0.1	6.0±0.1	6.9±0.2	3.8±0.2

肉用性能：

京海黄鸡肉用鸡112日龄出栏，公、母鸡平均出栏体重1420～1435g，饲料转化率3.14：1，饲养成活率96%以上。肉用鸡112日龄屠宰性能见表1-2。

表1-2 京海黄鸡屠宰性能

性别	宰前活重(g)	屠体重(g)	屠宰率(%)	半净膛率(%)	全净膛率(%)	腿肌率(%)	胸肌率(%)	腹脂率(%)
公	1596±126	1468±116	92.0±1.5	82.8±2.4	67.1±2.1	19.6±2.1	15.2±1.9	1.05±0.68
母	1256±117	1134±105	90.3±2.3	81.5±2.7	66.3±2.7	18.9±1.9	14.0±1.5	1.99±0.98

繁殖性能见表1-3。

表1-3 京海黄鸡种鸡主要生产性能

项目	指标
达5%产蛋率日龄（d）	126～132
达高峰产蛋率周龄（W）	25～26
高峰产蛋率（%）	81～82
43周龄蛋重（g）	47～50
66周龄入舍母鸡产蛋数（枚）	170～180
22～66周龄种蛋受精率（%）	91～92
22～66周龄受精蛋孵化率（%）	94～95
0～20周龄成活率（%）	96
21～66周龄成活率（%）	95

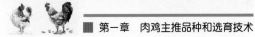

（四）养殖要点

详见表1-4至表1-6。

表1-4 饲养密度

饲养方式		1～6周龄	7～17周龄
饲养密度鸡数（只）/m²	地面平养（不大于）	14	8
	网上平养（不大于）	17	10
	网上平养＋地面平养（不大于）	15～16	9

表1-5 营养需要

组成成分	营养需要量	
	0～6周龄	7～17周龄
代谢能（KJ/kg）	2700～2850	2857～3095
粗蛋白质（%）	20	16～18
钙（%）	0.9	0.8
磷（%）	0.7	0.6

表1-6 免疫程序

日龄（d）	疫苗名称	代 号	方 法
1	新支二联	NG～IB	滴 眼
14	法氏囊	D_{78}	饮 水
18	新城疫	NDclone	滴 眼
21	法氏囊	D_{78}	饮 水
28	鸡 痘	FP	刺 种
56	新城疫油苗	ND	注 射
70	禽流感油苗	AI	注 射

（五）适宜区域

京海黄鸡适宜区域包括海边、山区、平原等。京海黄鸡适宜的出栏期为110日，平均体重为1100g。

（六）选育单位

依托单位：扬州大学、江苏京海禽业集团

联系人：俞亚波

联系电话：0513-82322110

（供稿人：肉鸡产业技术体系肉品检测与评价岗位专家　王金玉）

六、金陵麻鸡配套系

（一）品种名称

金陵麻鸡配套系（农09新品种证字第31号）。

（二）特征特性

金陵麻鸡商品代公鸡颈羽红黄色，尾羽黑色有金属光泽，主翼羽黑色，背羽、鞍羽深黄色，腹羽黄色杂有黑点；体形方形，胸宽背阔；冠、肉髯、耳叶鲜红色，冠高，冠齿5～9个，喙青色或褐色钩状；胫、趾青色；皮肤为白色；商品代母鸡羽色以麻黄为主，少数鸡只为麻褐色、麻黑色；体型较大，方形；冠、肉髯、耳叶鲜红色，冠高，冠齿5～8个，喙青色、褐色或黄褐色钩状；胫、趾青色；皮肤白色（图1-9，图1-10）。

图1-9　父母代公鸡、母鸡

图 1-10　商品代肉鸡群体

（三）生产性能

1. 父母代　金陵麻鸡父母代种鸡主要生产性能见表 1-7。

表 1-7　父母代鸡主要生产性能指标

项　目	指　标
达 5% 产蛋率日龄（d）	170 ～ 175
达高峰产蛋率周龄（W）	31 ～ 33
高峰产蛋率（%）	80 ～ 82
43 周龄蛋重（g）	55 ～ 60
66 周龄入舍母鸡产蛋数（枚）	170 ～ 172
种蛋受精率（%）	94 ～ 96
受精蛋孵化率（%）	89 ～ 92
0 ～ 24 周龄成活率（%）	94 ～ 96
25 ～ 66 周龄成活率（%）	94 ～ 95
66 周龄母鸡体重（g）	2950 ～ 3200

2. 商品代　金陵麻鸡商品代公鸡出栏日龄为 63 d，出栏体重为 2 350 ～ 2 450 g，饲料转化率为 2.2 ～ 2.3∶1；母鸡出栏日龄为 70 d，出栏体重为 2 350 ～ 2 450 g，饲料转化率为 2.3 ～ 2.5∶1。全期公、母鸡饲养成活率 96% 以上。商品代鸡屠宰测定结果见表 1-8。

表 1-8　金陵麻鸡屠宰测定

性别	宰前体重(g)	屠体重(g)	屠宰率(%)	半净膛率(%)	全净膛率(%)	胸肌率(%)	腿肌率(%)	腹脂率(%)
公	2100±155	1877±130	89.38±2.80	82.57±1.86	69.42±1.35	16.82±1.75	20.85±1.49	2.03±1.03
母	1700±134	1528±110	89.91±2.21	82.51±1.78	67.88±2.14	17.15±1.37	20.58±1.38	3.69±1.34

注：屠宰时间为 70 日龄。

（四）养殖要点

1. 饲养方式与密度　可平养或笼养。0～30 日龄，25 只 / m²；成鸡 10～12 只 /m²。

2. 金陵麻鸡商品肉鸡营养需要　金陵麻鸡商品肉鸡营养需要详见表 1-9。

表 1-9　金陵麻鸡商品肉鸡推荐营养需要

项　目	0～4 周龄	5～6 周龄	7 周龄～出栏
代谢能（kcal/kg）	2900	3000	3100
粗蛋白质（%）	20	18	16.5
钙（%）	1.0	0.90	0.90
有效磷（%）	0.48	0.45	0.42
赖氨酸（%）	1.10	1.0	0.90
蛋氨酸（%）	0.45	0.40	0.38
蛋氨酸＋胱氨酸（%）	0.78	0.72	0.64
色氨酸（%）	0.20	0.18	0.16
苏氨酸（%）	0.76	0.72	0.70
Na^+	0.20	0.17	0.16
Cl^-	0.20	0.20	0.20
亚油酸（%）	1.25	1.0	1.0

3. 育雏管理　育雏期的饲养管理影响到整批鸡群的饲养效益，特别是温度的控制，必须严格按照要求管理，各日龄温度需要详见表 1-10。

表1-10　金陵麻鸡商品肉鸡各周龄的适宜温度

周　龄	1	2	3	4	5～出栏
温度（℃）	32～34	29～32	27～29	24～27	24～常温

4. 免疫程序　金陵麻鸡商品肉鸡推荐免疫程序详见表1-11。

表1-11　金陵麻鸡商品肉鸡推荐免疫程序

日　龄	疫苗种类	使用方法
1	马立克	颈皮下注射
3	新支二联苗	滴眼、滴鼻
12	法氏囊	加脱脂奶粉饮水
15	禽流感油苗	皮下注射
30	新城疫Ⅰ系苗	肌内注射
60	禽流感油苗	皮下注射

注：免疫程序仅供参考，养殖户要根据本地疫病流行情况修订，活疫苗要求在45min内接种完，采用饮水免疫的疫苗不能用含消毒药的水免疫。

（五）适宜区域

广西壮族自治区、云南省、贵州省、四川省、重庆市、新疆维吾尔自治区、江西省、湖南省、湖北省等地。

（六）选育单位

依托单位：广西金陵农牧集团有限公司

联系地址：南宁市西乡塘区金陵镇陆平村

邮政编码：530049

联系人：黄雄

联系电话：0771-3380111 或 1397716608

电子邮箱：gxjlyz@126.com

（供稿人：肉鸡产业技术体系南宁综合试验站）

七、金陵黄鸡

（一）品种名称

金陵黄鸡配套系（农09新品种证字第32号）。

（二）特征特性

金陵黄鸡第一父本为性连锁矮小型，父母代母鸡为矮小型，具有耗料省、饲养成本较低的特点。商品代鸡颈羽金黄色，尾羽黑色有金属光泽，主翼羽、背羽、鞍羽、腹羽均为红黄色、深黄色；体呈方形、较大；冠、肉髯、耳叶鲜红色，冠大、冠齿6~9个，喙黄色，胫、趾黄色，胫细、长；皮肤黄色，具有明显的"三黄"特征，即毛黄、脚黄、皮肤黄等，体型、毛色一致，羽色为红黄色，脚矮小、抗病力强，饲料报酬率高，性早熟、冠脸鲜红、鸡味浓郁鲜美（图1-11，图1-12）。

图1-11　父母代公鸡、母鸡

图 1-12 商品代肉鸡群体

（三）生产性能

1. 父母代 金陵黄鸡父母代种鸡主要生产性能见表 1-12。

表 1-12 父母代鸡主要生产性能指标

项 目	指 标
达 5% 产蛋率日龄（d）	163 ～ 168
达高峰产蛋率周龄（W）	30 ～ 32
高峰产蛋率（%）	83 ～ 85
43 周龄蛋重（g）	52.5 ～ 54.8
66 周龄入舍母鸡产蛋数（枚）	175 ～ 180
种蛋受精率（%）	94 ～ 96
受精蛋孵化率（%）	91 ～ 93
0 ～ 24 周龄成活率（%）	94 ～ 96
25 ～ 66 周龄成活率（%）	94 ～ 96
66 周龄母鸡体重（g）	2150 ～ 2250

2. 商品代 金陵黄鸡商品代公鸡出栏日龄为 70 天，出栏体重为 1 730 ～ 1 850g，饲料转化率为 2.3 ～ 2.5∶1；母鸡出栏日龄为 80 天，出栏体重为 1 650 ～ 1 750g，饲料转化率为

2.5 ～ 3.3∶1。全期公、母鸡饲养成活率95%以上。商品代鸡屠宰测定结果见表1–13。

表1–13 金陵黄鸡屠宰测定

性别	宰前体重（g）	屠体重（g）	屠宰率（%）	半净膛率（%）	全净膛率（%）	胸肌率（%）	腿肌率（%）	腹脂率（%）
公	1790±125	1593±85	89.0±3.3	81.6±2.9	68.6±2.5	15.6±0.45	20.4±1.38	3.18±1.50
母	1720±104	1550±76	90.1±3.2	82.9±2.8	69.4±1.7	16.2±1.66	19.8±3.40	3.98±1.49

注：屠宰时间为84日龄。

（四）养殖要点

1. 饲养方式与密度 可平养或笼养。0 ～ 30 日龄，30 只 / m²；成鸡15 只 /m²。

2. 金陵黄鸡商品肉鸡营养需要 金陵黄鸡商品肉鸡营养需要详见表1–14。

表1–14 金陵黄鸡商品肉鸡推荐营养需要

项目	0 ～ 4 周	5 ～ 6 周	7 ～ 10 周	10 周～出栏
代谢能（kcal/kg）	2900	2950	3000	3050
粗蛋白质（%）	20	18	16.5	16.0
钙（%）	1.0	0.90	0.90	0.85
有效磷（%）	0.45	0.42	0.35	0.35
赖氨酸（%）	1.10	1.0	0.90	0.85
蛋氨酸（%）	0.42	0.40	0.38	0.36
蛋氨酸＋胱氨酸(%)	0.76	0.70	0.64	0.64
色氨酸（%）	0.20	0.18	0.16	0.16
苏氨酸（%）	0.76	0.72	0.70	0.68
Na^+	0.20	0.17	0.16	0.16
Cl^-	0.20	0.20	0.20	0.20
亚油酸（%）	1.25	1.0	1.0	1.0

3. 育雏期的管理 育雏期的饲养管理影响到整批鸡群的饲养效益，特别是温度的控制，必须严格按照要求管理，各日龄温度

需要详见表 1–15。

表 1–15 金陵黄鸡商品肉鸡各周龄的适宜温度

周龄（W）	1	2	3	4	5～出栏
温度（℃）	32～34	29～32	27～29	24～27	24～常温

4.免疫程序 金陵黄鸡商品肉鸡推荐免疫程序详见表 1–16。

表 1–16 金陵黄鸡商品肉鸡推荐免疫程序

日　龄	疫苗种类	使用方法
1	马立克	颈皮下注射
3	新支二联苗	滴眼、滴鼻
12	法氏囊	加脱脂奶粉饮水
15	禽流感油苗	皮下注射
30	新城疫Ⅰ系苗	肌内注射
60	禽流感油苗	皮下注射

注：免疫程序仅供参考，养殖户要根据本地疫病流行情况修订，活疫苗要求在 45min 内接种完，采用饮水免疫的疫苗不能用含消毒药的水免疫。

（五）适宜区域

广西壮族自治区、广东省、浙江省、上海市、江西省、湖南省、海南省等地。

（六）选育单位

依托单位：广西金陵农牧集团有限公司

联系地址：南宁市西乡塘区金陵镇陆平村

邮政编码：530049

联系人：黄雄

联系电话：0771–3380111/13977166038

电子邮箱：gxjlyz@126.com

（供稿人：肉鸡产业技术体系南宁综合试验站）

八、岭南黄鸡

（一）品种名称

岭南黄鸡Ⅰ号配套系（农09新品种证字第7号）；岭南黄鸡Ⅱ号（农09新品种证字第8号）；岭南黄鸡3号配套系（农09新品种证字第33号）。

（二）特征特性

岭南黄鸡Ⅰ号配套系：父母代公鸡为快羽，金黄羽，胸宽背直，单冠，胫较细、性成熟早。母鸡为快羽（可羽速自别雌雄），矮脚，三黄，胸肌发达，体形浑圆，单冠，性成熟早，产蛋性能高，饲料消耗少。商品代肉鸡为快羽，三黄，胸肌发达，胫较细，单冠，性成熟早（图1-13，图1-14）。

图1-13 岭南黄鸡Ⅰ号配套系父母代种鸡

图1-14 岭南黄鸡Ⅰ号配套系商品代鸡

岭南黄鸡Ⅱ号配套系：父母代公鸡为快羽，羽、胫、皮肤三黄，胸宽背直，单冠，快长。母鸡为慢羽，羽、胫、皮肤三黄，体形呈楔形，单冠，性成熟早，蛋壳粉白色，生长速度中等，产蛋性能高。商品代肉鸡可羽速自别雌雄，公鸡为慢羽，母鸡为快羽。公鸡羽毛呈金黄色，母鸡全身羽毛黄色，部分鸡颈羽、主翼羽、尾羽为麻黄色。黄胫、黄皮肤，体形呈楔形，单冠，快长，早熟（图1-15至图1-17）。

图1-15 岭南黄鸡Ⅱ号配套系父母代种鸡

图1-16　岭南黄鸡Ⅱ号配套系
商品代公鸡

图1-17　岭南黄鸡Ⅱ号配套系
商品代母鸡

岭南黄鸡3号配套系：父母代岭南黄鸡3号配套系父母代公鸡为慢羽，三黄（羽、喙、脚黄，含胡须、髯羽），胸深，胸肌饱满，身短、后躯发达，单冠，冠红。成年公鸡羽毛为金黄色或棕红色，鸡冠面积较小、红色。母鸡为快羽，矮脚，体型小、单冠、冠红，早熟，繁殖性能高，省料，羽毛为黄色，蛋壳颜色为粉色。商品代公、母均为慢羽，正常体型，三黄（羽、喙、脚黄，含胡须、髯羽），单冠、红色，早熟，身短、胸肌饱满。公鸡羽色为金黄色，母鸡羽色为浅黄色（图1-18，图1-19）。

图1-18　岭南黄鸡3号配套系父母代种鸡

图 1-19 岭南黄鸡 3 号配套系商品代母鸡

（三）生产性能

详见表 1-17 和表 1-18。

表 1-17 岭南黄鸡父母代种鸡生产性能

性能指标	岭南黄鸡Ⅰ号配套系	岭南黄鸡Ⅱ号配套系	岭南黄鸡 3 号配套系
开产周龄（W）	24	24	23
开产体重（g）	1900 ~ 2000	2250 ~ 2350	1050 ~ 1100
产蛋高峰周龄（W）	29 ~ 30	29 ~ 30	28 ~ 29
高峰期周产蛋率（%）	85	80	78
高峰期喂料量（g）	125	138	78
66 周入舍产蛋量（枚）	198	180	172

表1-18　岭南商品代肉鸡生产性能

性能指标	性别	岭南黄鸡 I 号配套系		岭南黄鸡 II 号配套系		岭南黄鸡 3 号配套系	
		42 日龄	49 日龄	42 日龄	49 日龄	84 日龄	120 日龄
体重 (g)	公	1700	2050	1750	2100	1200	1850
	母	550	1800	1500	1750	1050	1400
料肉比	公	1.75：1	1.90：1	1.75：1	1.90：1	3.00：1	3.50：1
	母	1.85：1	2.00：1	1.85：1	2.00：1	3.30：1	3.80：1

（四）养殖要点

饲养前根据要求准备鸡笼、开食盘、料桶、饮水器、保温设施、兽用器械、消毒池、垫料、饲料及药物等。全面清扫鸡舍及用具，并对鸡舍及四周、饮水系统进行消毒，进鸡前育雏舍提前升温。

1. 种鸡育雏期　①随时观察雏鸡状态，适当调整温度。②保持良好通风，无刺鼻、刺眼的感觉。③适时断喙，且断喙前 1～2d 在饲料和饮水中添加多种维生素，并在晚间进行以减少应激。④合理的光照强度和时间。⑤适宜的密度。

2. 种鸡育成期　①种鸡在育成期间必须实行限制饲养，保证适当的饲养密度，控制种鸡体重和均匀度。②育成期采用自然光照和补充人工光照相结合的方法，保持恒定的光照时数，使新母鸡能适时开产。

3. 种鸡产蛋期　①种鸡开产后，逐步增加光照时间至 16h 恒定，原则上只能延长不能缩短，光照强度能加强不能减弱。②采食量也要同步增加，产蛋高峰期过后视情况再逐步减少，同时注意监测种鸡体重。③种公鸡要选留健康、强壮、雄性特征明显的个体，并检查精液品质，淘汰差的公鸡。

要点：①前 3 周为自由采食，4～18 周龄期间，应根据各周体重调整喂料量，而不是只参照喂料量。此期间应各周称重，并及时计算称重结果、调整喂料量。若称重结果出现异常情况，如增重过多或过少，应立即组织重新称重并查找原因，千万不能盲目调料。②开产至产蛋高峰期时，应根据周增重和产蛋率进行调料，周增重随着产蛋率的上升而逐周下降，该阶段上升缓慢或周增重较少，则表明料量不足，若产蛋率正常而周增重过多，则表明料量过多。③当产蛋率上升到接近产蛋高峰期时要进行多次试探性加料，具体办法为：当产蛋率停止上升甚至出现下降趋势时，加料 2 ~ 3g，若加料后 2 ~ 7d 产蛋率上升则表明料量不足，若产蛋率不再上升则表明料量已够，可将增加的料量减下来。④产蛋高峰过后的减料应在鸡群达到产蛋高峰并保持一段时间后，产蛋率呈现下降趋势时，应及时减少料量，每次可减少 1 ~ 2g 料，减料速度依产蛋率和周增重而定。因此，该阶段仍然需要定期抽称体重，可每 2 周或每 4 周称重 1 次，计算周增重，以平均每周增重不超过 10g 为适合，确保种鸡后期有较高的产蛋率和受精率。

4. 商品肉鸡饲养管理　选择适宜的饲养方式，用"全进全出"饲养制度，保持饲料新鲜、饮水清洁；适时断喙，合理的光照制度，合理的饲养密度，分群饲养；做好防暑降温和防寒保暖工作。

5. 消毒、免疫、用药及无害化处理　①鸡场门口和鸡舍门口设消毒池或消毒盆等消毒设施，并定期对舍内外进行消毒。②严格执行免疫程序，并由专职人员进行抗体监测。③药物使用和休药期应遵循国家法律规定。④死、淘鸡只和废弃物要求进行无害化处理，严禁到处乱扔死鸡，以免污染环境。

（五）适宜区域

岭南黄鸡Ⅰ、Ⅱ号配套系适合全国（西藏除外）饲养；岭南黄鸡 3 号配套系适合广东、广西、海南为代表的华南地区，以及安徽、江苏、浙江为代表的华东地区饲养。

（六）选育单位

依托单位：广东省农业科学院动物科学研究所，http://www.ias.gdaas.cn/index.asp

广东智威农业科技股份有限公司，http://www.wizgroup.com.cn

联系电话：020-38765625

联系人：黄爱珍

电子邮箱：lingnanhuangji-0@163.com

（供稿人：肉鸡产业技术体系制种技术岗位专家）

九、大恒699肉鸡

（一）品种名称

大恒699肉鸡配套系（农09新品种证字第39号）。

（二）特征特性

大恒699肉鸡配套系以快速、青脚麻羽为主要特征，父母代繁殖性能较高，商品代生长速度快，其均匀度、抗逆性、料肉比、外观性状等方面均受到商品生产者的普遍认可。该品种适合集约化舍内笼养、平养，也适合在林地、果园、草地及荒山荒坡进行放养（图1-20，图1-21）。

图 1-20　大恒 699 肉鸡配套系父母代种鸡

图 1-21　大恒 699 肉鸡配套系商品代群体

（三）生产性能

见表 1-19，表 1-20。

表 1-19　大恒 699 肉鸡父母代种鸡生产性能

项　目	性能指标
5% 产蛋率周龄（W）	22
5% 产蛋率母鸡体重（kg）	1.85 ~ 2.05
产蛋高峰周龄（W）	27 ~ 28
68 周龄入舍母鸡产蛋数（枚）	176
种蛋平均受精率（%）	91.8

续表1-19

项　目	性能指标
入孵蛋平均孵化率（%）	83.6
受精蛋平均孵化率（%）	91.1
0～20周龄平均成活率（%）	96.0
21周龄～68周龄平均成活率（%）	90.4

表1-20　大恒699肉鸡10周龄商品代肉鸡生长和屠宰性能

项　目	大恒699配套系性能		国家家禽测定站测定结果	
	公	母	公	母
全期成活率(%)	95.7		96.9	
平均活重（kg）	2.23±0.22	1.78±0.17	2.32±0.22	1.79±0.17
饲料转化率	2.48		2.45	
屠宰率（%）	91.6±2.5	91.3±2.3	91.9±0.8	91.5±0.9
胸肌率（%）	16.3±0.6	17.1±0.9	17.0±0.7	18.1±0.8
腿肌率（%）	26.3±1.1	26.4±0.8	26.9±1.0	27.5±0.9
腹脂率（%）	2.3±0.6	3.4±0.6	2.4±0.5	3.7±0.5

（四）养殖要点

1. 进鸡前的准备工作　对育雏舍、育成鸡舍、产蛋鸡舍墙壁、地面、饲养设备及鸡舍周围彻底冲洗，鸡舍充分干燥后，采用两种以上的消毒剂进行3次以上的喷洒消毒。雏鸡入舍前的所有准备工作应在雏鸡到达前24h进行完毕。雏鸡入舍前应预热试温，使舍内温度达到33℃～35℃。

2. 饲养管理

（1）种鸡育雏期管理要点　①随时观察雏鸡状态，适当调整温度。②保持良好通风，无刺鼻、刺眼的感觉。③适时断喙，且断喙前1～2d在饲料和饮水中添加多种维生素，并在晚间进行以减少应激。④合理的光照强度和时间。⑤适宜的密度。⑥雏鸡先饮水后开食，少喂勤添。前4周为自由采食，母鸡5周龄开始限制饲喂。

(2) 种鸡育成期管理要点　①种鸡在育成期间必须实行限制饲养，保证适当的饲养密度，控制种鸡体重和均匀度。②育成期采用自然光照和补充人工光照相结合的方法，保持恒定的光照时数，使新母鸡能适时开产。③ 5 ~ 18 周龄期间，应根据各周体重调整喂料量，而不是只参照喂料量。此期间应各周称重，并及时计算称重结果和对喂料量进行调整。若称重结果出现异常情况，如增重过多或过少，应立即组织重新称重并查找原因，千万不能盲目调料。

(3) 种鸡产蛋期管理要点　①种鸡开产后，逐步增加光照时间至 16h 恒定，原则上只能延长不能缩短，光照强度能加强不能减弱。②采食量也要同步增加，产蛋高峰期过后视情况再逐步减少，同时注意监测种鸡体重。③种公鸡要选留健康、强壮、雄性特征明显的个体，并检查精液品质，淘汰差的公鸡。④开产至产蛋高峰期时，应根据周增重和产蛋率进行调料，周增重随着产蛋率的上升而逐周下降，该阶段上升缓慢或周增重较少，则表明料量不足，若产蛋率正常而周增重过多，则表明料量过多。该阶段仍然需要定期抽称体重，每周称重 1 次，计算周增重，以确保种鸡后期有较高的产蛋率和种蛋受精率。

(4) 商品肉鸡饲养管理要点　①笼养鸡上市日龄为 70 ~ 90 日龄，放养鸡上市日龄为 120 日龄左右。②用"全进全出"饲养制度；保持饲料新鲜、饮水清洁；适时断喙；合理的光照制度；合理的饲养密度；分群饲养；做好防暑降温和防寒保暖工作。③鸡场门口和鸡舍门口设消毒池或消毒盆等消毒设施，并定期对舍内外进行消毒。严格执行免疫程序，并由专职人员进行抗体监测。药物使用和休药期应遵循国家法律规定。④死、淘鸡只和废弃物要求进行无害化处理，严禁处乱扔死鸡，以免污染环境。

（五）适宜区域

该品种适宜在全国范围饲养，尤其适合西南、西北、华中及华北地区大中小各级城市消费市场。

（六）选育单位

依托单位：四川大恒家禽育种有限公司

　　　　　四川省畜牧科学研究院

联系地址：四川省成都市锦江区二环路东四段牛沙路 7 号

邮编：610066

联系人：杨朝武、李晴云

联系电话：028-84555593

电子邮箱：xsjiang@sasa.cn

传真号码：028-84555972

网址：http://www.sasa.cn

（供稿人：肉鸡产业技术体系育种规划与核心群建立岗位专家　蒋小松）

十、五星黄鸡

（一）品种名称

五星黄鸡配套系（农 09 新品种证字第 46 号）。

（二）特征特性

父母代公鸡全身棕红色羽、母鸡黄羽，尾部有黑羽，黄喙、黄胫，单冠，肉髯、耳叶鲜红色；商品代肉鸡黄羽、黄胫、黄白皮肤，单冠，颈羽和尾羽有少量黑点。本配套系充分发挥了父本与母本的杂种优势，父母代种鸡产蛋性能较好，商品代肉鸡具有生长速度快、饲料报酬高、均匀度高、饲养成本低等特点，符合国内大部分地区市场要求（图1-22，图1-23）。

图1-22　五星黄鸡父母代种鸡

图1-23　五星黄鸡商品代肉鸡

（三）生产性能

详见表1-21，表1-22。

表1-21　五星黄鸡配套系父母代种鸡生产性能

指　标	42周龄	72周龄
育成期成活率（%）	>98	
产蛋期死亡率（%）	3～5	5～10
入舍母鸡产蛋总数（枚）	82	177
入舍母鸡产种蛋总数（枚）	69.5	164
入舍母鸡出雏数（只）	61.3	143
平均孵化率（%）	89	88
72周龄母鸡体重（g）		3030

表1-22　五星黄鸡配套系商品代生产性能

日　龄	活重（g）			死亡率（%）	饲料转化率
	公	母	平均		
42	1730	1400	1550	2.0	1.93
49	2120	1620	1820	2.20	2.05
56	2220	1760	2090	2.60	2.18

（四）养殖要点

1. 生物安全

①鸡群淘汰后，用水冲湿整个屋顶和侧墙，有助于清粪时减少灰尘，清除垫料及鸡粪至少搬至离鸡场1km以外地区。用高压水枪冲洗，消毒鸡舍内部、料仓及所有的设备。

②鸡舍清理后，空舍时间越长越好。

③所有需进入鸡场人员必须要淋浴，更换干净的工作衣、帽，每个鸡舍门前需设置消毒盆和清洗刷。

④尽可能不让外来车辆进入生产区，本场车辆应实行定期消毒制度。

⑤鸡舍巡逻，察看不同日龄的鸡群时，应先走访青年鸡群，后走访老龄鸡群，先看无疾病的鸡群，后看有病的鸡群，有传染性疾病时，必须迅速采取隔离措施。

⑥采用"全进全出"程序（即一栋鸡舍或几栋鸡舍、一个区域，最好整个鸡场为同一日龄的鸡群）。

2．水质要求

①雏鸡入舍前要检查并确保整个饮水系统正常运作。鸡舍空闲时，饮水系统易出现污物及杂质的堵塞。在雏鸡进入前，应再次消毒：将全部饮水系统排放干净，使用高氯化物的水冲洗整个饮水系统，确保雏鸡能饮用清洁水。

②饮水消毒：开放式饮水系统，确保远端含氯为3mg/kg，乳头饮水器为1mg/L，水质要经常化验，确保水中大肠杆菌数不超标。

③注意在饮水免疫前48h及后24h，停止氯化物在水中的使用。

3．免　疫

①为保证鸡群的健康，免疫程序必须根据本地区本场的实际需要制定，免疫程序需经常审验。

②免疫程序一旦制订，必须认真执行。

③疫苗使用应按生产厂家的说明正确贮存和实施，并正确记录免疫日期、类型、次数、生产厂家、产品批号及失效日期。

④饮水免疫前48h，后24h，供水系统中无任何氯化物、药物等化学制剂。

⑤疫苗稀释后应在2h内全部用完，饮水免疫要确保鸡群在0.5h内喝完所有含疫苗水。

⑥应设专人保管疫苗。

4．球虫控制

①一套行之有效的球虫免疫程序是球虫抗体产生的主要因素。

②无论使用球虫疫苗，还是抗球虫药都应遵循生产厂家的说明去做。

③使用球虫疫苗时，确保饲料中无抗球虫药。

5. 饲养方式

五星黄鸡商品代可采用地面平养、网上平养；种鸡可以采用地面平养、网上平养、"两高一低"和笼养方式，但为了更大发挥其生产潜能和提高苗鸡质量，建议采用笼养方式饲养产蛋种鸡。

（五）适宜区域

除我国西部海拔 3000 m 以上地区外的国内所有区域。

（六）选育单位

依托单位：安徽五星食品股份有限公司
　　　　　安徽农业大学
　　　　　中国农业科学院北京畜牧兽医研究所
联系人：胡祖义
联系电话：0563-4456171
（供稿人：肉鸡产业技术体系宣城综合试验站）

十一、潭牛鸡肉鸡新品种（配套系）

（一）品种名称

潭牛鸡配套系（农 09 新品种证字第 50 号）。

（二）特征特性

外貌特征：体型紧凑、匀称，呈楔形，性成熟早。单冠，冠、肉髯、耳叶呈红色。皮肤呈白色，胫呈黄色。公鸡羽毛以枣红色为主，颈部有金黄色环状羽毛带，尾羽松散或平直，呈黑色，并带有墨绿色光泽。母鸡羽毛呈黄色或黄麻色为主，少量其他羽色，

尾羽微翘或平直。雏鸡绒毛呈黄色,部分雏鸡背部多有黑线脊（图1-24,图1-25）。

优点和突出特点:"潭牛鸡"配套系以优质、黄羽为主要特征,父母代繁殖性能较高,商品代可自别雌雄,生长速度快;其均匀度、成活率、料肉比、外貌性状等方面均受到商品生产者的普遍认可。

图 1-24　潭牛鸡肉鸡父母代公母鸡

图 1-25　潭牛鸡肉鸡商品代群体

（三）生产性能

详见表 1-23 至表 1-25。

表1-23 "潭牛鸡"配套系父母代种鸡生产性能

项　目	生产性能
0～16周龄存活率（%）	95～97
5%开产周龄（W）	18～19
产蛋高峰周龄（W）	23～24
高峰产蛋率（%）	81～82
5%开产体重（g）	1300～1350
56周龄入舍母鸡产蛋数（枚）	155～160
56周龄入舍母鸡产种蛋数（枚）	132～136
全期种蛋合格率（%）	85～88
种蛋平均受精率（%）	92～95
入孵蛋平均孵化率（%）	86～88
17～56周龄存活率（%）	94～96
56周龄母鸡体重（g）	1750～1800

表1-24 "潭牛鸡"配套系商品代肉鸡生产性能及屠宰性能

项　目	企业测定结果		农业部家禽检测中心测定结果	
	公　鸡	母　鸡	公　鸡	母　鸡
出栏周龄	13	16	13	16
体重（g）	1400～1500	1500～1600	1444	1521
饲料转化率	3.0～3.2∶1	3.5～3.7∶1	3.06∶1	3.67∶1
存活率（%）	97～98	97～98	97.5	97.5
屠宰率（%）	90.0～92.0	90.5～91.5	92.6	91.3
半净膛率（%）	81.0～83.0	80.0～83.0	84.1	80.2
全净膛率（%）	67.0～69.0	65.0～69.0	69.8	66.1
胸肌率（%）	15.0～17.0	16.5～19.5	16.9	19.5
腿肌率（%）	27.0～28.0	27.0～29.0	27.8	27.2
腹脂率（%）	1.5～2.0	6.0～7.4	1.5	5.9

表 1-25　"潭牛鸡"配套系商品代 16 周龄肉鸡品质测定

项　目	性　别	n	嫩度 (kg/cm³)	失水率 (%)	pH	粗蛋白质 (%)	粗脂肪 (%)	水　分 (%)	灰　分 (%)
胸　肌	公　鸡	20	3.03	26.73	5.81	24.51	1.63	74.62	1.39
	母　鸡	20	3.18	25.83	5.82	24.72	2.02	74.31	1.42
腿　肌	公　鸡	20	2.83	20.81	6.24	22.93	2.42	74.92	1.22
	母　鸡	20	2.96	19.41	6.31	23.21	2.64	74.75	1.27

（四）养殖要点

雏鸡入舍放置约 1h 后，初次给雏鸡供给葡萄糖（3% ~ 6%）+ 电解多种维生素饮水。为防白痢等病的发生，一周内在饮水中添加适当的抗生素，如环丙沙星、多西环素等。在雏鸡饮水 1 ~ 2h 后喂料，做到少喂勤添。育雏 10 d 后，完全可利用自然光照，以防过于早熟。7 ~ 10 日龄断喙，有助节省饲料和防止啄癖。在整个育雏阶段要控制好温度和湿度，根据雏鸡的行为表现及分布情况，及时调整温度和通风。育成鸡不进行控料，不进行体重控制，以自由采食为主，24h 自由饮水。为防止鸡出栏时偏瘦，90 日龄后可适当增加饲料能量，或在料中添加 1% ~ 2% 动植物油。要做好新城疫、禽流感、马立克、传染性法氏囊病、传染性喉气管炎、传染性支气管炎等免疫接种。商品代公、母鸡分别在 13 周龄和 16 周龄左右出栏。

（五）适宜区域

适宜全国（西藏除外）各地饲养。

（六）选育单位

依托单位：海南（潭牛）文昌鸡股份有限公司
联系地址：海南省海口市罗牛山农业综合开发区
邮政编码：570206

肉鸡养殖轻简化技术图册

联系人：王秀萍

联系电话：13518816602

电子邮箱：562856433@163.com

（供稿人：肉鸡产业技术体系地方种质资源评价岗位专家陈宽维）

十二、三高青脚黄鸡3号（配套系）

（一）品种名称

三高青脚黄鸡3号配套系（农09新品种证字第51号）。

（二）特征特性

黄羽或黄麻羽，羽毛被覆完整，光泽度好，胸肌发达，胫较细，青胫，白皮肤，单冠，早熟，抗病力高，适应性强，肉质好，屠宰率高等特点，适合全国各地饲养（图1-26）。

图1-26 三高青脚黄鸡3号父母代公母鸡及商品代

42

（三）生产性能

详见表 1-26，表 1-27。

表 1-26 "三高青脚黄鸡 3 号"父母代鸡的生产性能

项　目	指　标
育雏率（%）	98 ~ 99
育成率（%）	97 ~ 98
5% 开产周龄（W）	21 ~ 22
5% 开产体重（g）	1170±105
66 周龄饲养日产蛋数（枚）	185 ~ 188
种蛋合格率（%）	97 ~ 98
受精率（%）	96 ~ 97
受精蛋孵化率（%）	93 ~ 94
66 周龄产健雏数（只）	164 ~ 167
产蛋期存活率（%）	95 ~ 97
0 ~ 20 周龄只耗料量（kg）	5.97
21 ~ 66 周龄只耗料量（kg）	25.45

表 1-27 "三高青脚黄鸡 3 号"商品代的生产性能

项　目	指　标
初生重（g）	36.92±2.22
0 ~ 10 周龄存活率（%）	97 ~ 98
10 周龄公鸡体重（g）	1162.8±106.76
10 周龄母鸡体重（g）	932.6±86.54
10 周龄公母平均体重（g）	1047.7
0 ~ 10 周龄公母平均饲料转化率	2.46 : 1
0 ~ 16 周龄存活率（%）	95 ~ 96
16 周龄公鸡体重（g）	1824.4±178.48
16 周龄母鸡体重（g）	1394.5±133.26
16 周龄公母平均体重（g）	1609.5
0 ~ 16 周龄公母平均饲料转化率	3.42 : 1

（四）养殖要点

1. 父母代饲养要点

（1）进雏前准备　清洗消毒；必备工具的准备；预温。

（2）育雏期饲养管理　提供适宜的温度、湿度、光照、饲养密度条件、及时开水、开食、鸡舍经常通风换气、及时分群，降低饲养密度，公母分饲。

（3）育成期饲养管理　及时更换育成期饲料、提供充足饮水、进行限饲，18 周龄公鸡体重为 1550g、母鸡 960g，控制光照 7 ~ 18 周龄光照时间控制为 8h，强度 5lx。

（4）产蛋期饲养管理　育成期体重达标后，产蛋率达到 5% 时更换产蛋料，随产蛋率的升高而每周加料 5g 左右，光照每周增加 1h，直至 16.5 ~ 17h/d 为止。

（5）疾病防治　根据各地肉鸡疾病流行情况制定合理的防疫程序，定期防疫。

2. 商品代饲养要点

（1）育雏温度　育雏舍温度 1 日龄 35℃，以后每天降 1℃，降至 28℃保持至脱温。

（2）饲养密度　密度 1 周龄以下 100 只 /m²；2 周龄 50 只 /m²；3 周龄饲养至脱温，30 只 /m² 以下。

（3）疾病防治　根据各地肉鸡疾病流行情况制定合理的防疫程序，定期防疫。

（五）适宜区域

适合我国大部分地区（青藏高原除外）的集约化条件和放牧条件下的饲养。

（六）选育单位

依托单位：河南三高农牧股份有限公司

联系地址：河南省固始县城关镇北环路北侧

邮政编码：465200

联系人：马翔

联系电话：0376-4997791

电子邮箱：hnsgmx@163.com

网址：http://wwwhnsangao.com

（供稿人：肉鸡产业技术体系信阳综合试验站）

十三、"光大梅黄1号"肉鸡配套系

（一）品种名称

"光大梅黄1号"肉鸡配套系（农09新品种证字第57号）。

（二）特征特性

"光大梅黄1号"肉鸡配套系是中速优质型黄羽肉鸡，配套系公鸡全身羽毛为棕黄色或红棕色，颈羽金黄色，尾羽黑、有墨绿色光泽。母鸡矮小，体形如"元宝"状，全身羽毛为浅黄色，尾羽黑色；商品代公鸡全身羽毛红黄色，颈羽金黄色，主翼羽、镰羽黑色，商品代母鸡全身羽毛为黄色，胫、喙、皮肤均为黄色（图1-27，图1-28）。

配套系为二系配套模式，利用 dw 基因显著降低了母系料耗，父母代成本低，产蛋性能优良。商品代肉质优异，抗病力强、饲料转化率高，生长速度快，具有良好的适应性，舍饲和放养均能发挥良好的生产性能。

图1-27 "光大梅黄1号"肉鸡配套系父母代

图1-28 "光大梅黄1号"肉鸡配套系商品代

（三）生产性能

生产性能详见表1-28，表1-29。

表1-28 父母代种鸡主要生产性能

项　目	生产性能
0～21周龄存活率（%）	94～96
产蛋期存活率（%）	>91
5%开产日龄（d）	149～153
5%开产体重（g）	1350～1550
66周龄入舍母鸡产蛋数（枚）	164～168
22～66周龄种蛋合格率（%）	90～92

续表 1-28

项 目	生产性能
22 ~ 66 周龄种蛋受精率（%）	93 ~ 96
22 ~ 66 周龄入孵蛋孵化率（%）	86 ~ 90
66 周龄健雏只数（只）	128 ~ 137
43 周龄体重（g）	1510 ~ 1700
66 周龄体重（g）	1680 ~ 1870

表 1-29 商品代鸡主要生产性能

项 目	公	母
出栏日龄（d）	75 ~ 80	85 ~ 90
出栏体重（g）	1650 ~ 1800	1450 ~ 1650
饲料转化率	2.6 ~ 2.8：1	3.1 ~ 3.3：1
成活率（%）	>97	>97

（四）养殖要点

1. 营养需要 父母代鸡与商品代鸡营养需要见表 1-30 和表 1-31。

表 1-30 父母代鸡营养需要

营养指标	0 ~ 7 周龄	8 ~ 13 周龄	14 ~ 20 周龄	产蛋前期	产蛋后期
代谢能（MJ/Kg）	12.13	11.92	11.92	11.5	11.3
粗蛋白质（%）	20	17.21	15.21	17.21	16.0
钙（%）	1	0.9	0.85	3.3	3.5
有效磷（%）	0.43	0.4	0.38	0.46	0.42
蛋氨酸（%）	0.4	0.36	0.32	0.42	0.38
蛋氨酸 + 胱氨酸（%）	0.7	0.6	0.56	0.78	0.75
钠（%）	0.16	0.16	0.16	0.16	0.16

表 1-31 商品代鸡营养需要

指 标	0 ~ 5 周龄	6 ~ 9 周龄	10 周龄以上
代谢能（MJ/Kg）	11.93 ~ 12.13	12.35	12.6

续表 1-31

指 标	0～5周	6～9周	10周以上
粗蛋白质（%）	19.50～21.00	17.50～18.50	16.00～16.5
钙（%）	0.95～1.00	0.85～0.95	0.85
有效磷（%）	0.45～0.50	0.38～0.42	0.36～0.38
钠（%）	0.16	0.15	0.15
蛋氨酸＋胱氨酸（%）	0.78～0.80	0.65～0.70	0.6～0.65
赖氨酸（%）	1.05～1.10	0.96～1.00	0.82～0.85
蛋氨酸（%）	0.46	0.42	0.4

2. 饲养密度 父母代鸡与商品代鸡饲养密度见表 1-32 和表 1-33。

表 1-32 父母代鸡饲养密度

饲养方式	育 雏	育成期	产蛋期
平养	25 只 /m²	8～10 只 /m²	6～8 只 /m²
笼养	35～40 只 /m²	15～20 只 /m²	10～12 只 /m²

表 1-33 商品代鸡饲养密度

饲养方式	7 日龄	8～21 日龄	22～49 日龄
地面平养	25～40 只 /m²	16～25 只 /m²	13～16 只 /m²
网上平养	50～60 只 /m²	30～35 只 /m²	20～25 只 /m²

3. 限制饲养 育成期（9～19 周龄）的父母代种鸡需要限制饲养，可以"限质"或"限量"饲喂。光照时间 8～12h，光照强度 5 lx。

4. 抽测体重 育成期和产蛋期的父母代种鸡需每周随机抽样，逐只空腹称重。抽样称重样本数为母鸡 3%～5%，公鸡 5% 左右。若整群鸡数少于 1 000 只，母鸡要抽取 5%～10%，并根据称重结果与标准体重比较，以调整下周的喂料量。

5. 商品鸡的育肥 一般都在出栏前 15 d 就开始，即优质型"光大梅黄 1 号"商品代肉鸡在 60～70 日龄，就可以进入育肥期饲养。

育肥料中禁止加鱼粉、蚕蛹、血粉等动物性原料，以免影响鸡肉风味；降低豆粕，提高黄玉米比例，添加菜籽油、豆油等油脂 3% ～ 5%，既降低饲料成本，又提高了能量，育肥效果又好；补喂破碎熟化的黄玉米，以适当控制全价料用量，有利于节省成本，缩短育肥期。

育肥阶段必须减少鸡群运动，以节省鸡体的能量消耗，提高育肥效果。按每平方米 8 只计算，使所有的鸡都能同时吃到饲料，保证供水位 1cm/ 只鸡，供料位 3 ～ 5cm/ 只鸡。

喂药物，特别是国家规定的禁用药物，影响安全食品和出口鸡肉标准的药物、添加剂，必须严格禁喂。切实保证鸡肉的质量，实行无公害、绿色标准化的生产。

6. 卫生防疫管理 必须将种鸡场的环境、设备设施和卫生整洁放在首要位置；鸡场的水源干净、优质，符合畜禽饮用水标准；做好周全有序的免疫计划，疫苗质量保证；预防为主、防治结合的原则应贯穿肉鸡养殖全程各个环节。

（五）适宜区域

该品种适合浙江、福建、安徽、江苏、江西、湖南、湖北、广东、广西等地。

（六）选育单位

依托单位：浙江光大种禽业有限公司

联系人：张成先

联系电话：0573-87966571

电子邮箱：guangdameiling@163.com

（供稿人：肉鸡产业技术体系海宁综合试验站）

十四、"五星小型白羽肉鸡"新品种(配套系)

(一)品种名称

五星小型白羽肉鸡。

(二)特征特性

本配套系的外貌特征一致。父母代公鸡是快羽型显性白羽肉鸡、母鸡为慢羽型羽色自别雌雄,1日龄母鸡为黄羽,公鸡为白羽。母鸡尾部镰羽背面部分白色,黄喙、黄胫,单冠,肉髯、耳叶鲜红色,产蛋率高;商品代肉鸡白羽、羽速自别雌雄。黄胫、黄肤,单冠。本配套系充分发挥了父本与母本的生产性能优势,父母代种鸡产蛋性能较好,商品代肉鸡具有生长速度适中、饲料报酬较高、均匀度高、饲养成本低等特点,符合国内大部分地区市场要求(图1-29,图1-30)。

图1-29 父母代种鸡

图 1-30　商品代肉鸡

（三）生产性能

生产性能详见表 1-34，表 1-35。

表 1-34　"五星小型白羽肉鸡"父母代种鸡生产性能

项　目	42 周龄	66 周龄
育成期成活率	>99%	
产蛋期死亡率（%）	2 ~ 3	3 ~ 6
入舍母鸡产蛋总数（枚）	121	255
入舍母鸡产种蛋总数（枚）	106.3	221
入舍母鸡出雏数（羽）	97.5	199
平均孵化率（%）	92	90
66 周母鸡淘汰体重（kg）		2.42

表 1-35　"五星小型白羽肉鸡"商品代生产性能

日　龄（d）	活　重			死亡率（%）	饲料转化率
	公鸡（g）	母鸡（g）	平均（g）		
42	1430	1180	1305	1	1.92
49	1610	1305	1457	1.5	2.01
56	1872	1560	1716	2.00	2.10

（四）养殖要点

1. 生物安全　家禽饲喂的成功与否，最大威胁来自于禽病，

随着集约化生产的日益发展，饲喂密度逐渐增加，生物安全措施日显重要。鸡群淘汰后，用水冲湿整个屋顶和侧墙，有助于清粪时减少灰尘，清除垫料及鸡粪至少搬至离鸡场1km以外地区。用高压水枪冲洗，消毒鸡舍内部、料仓及所有的设备。鸡舍清理后，空舍时间越长越好。所有需进入鸡场人员必须淋浴，更换干净的工作衣、帽，每个鸡舍门前需设置消毒盆和清洗刷。尽可能不让外来车辆进入生产区，本场车辆应实行定期消毒制度。

鸡舍巡逻，察看不同日龄的鸡群时，应先走访青年鸡群，后走访老龄鸡群；先看无疾病的鸡群，后看有病的鸡群；有传染性疾病时，必须迅速采取隔离措施。采用"全进全出"的程序（即一栋鸡舍或几栋鸡舍、一个区域，最好整个鸡场为同一日龄的鸡群）。

2. 水质要求 雏鸡入舍前要检查并确保整个饮水系统正常运作。鸡舍空闲时，饮水系统易出现污物及杂质的堵塞，在雏鸡进入前，应清污、疏通后再次消毒：将全部饮水系统排放干净，使用高氯化物的水冲洗整个饮水系统，确保雏鸡能饮用清洁水。

饮水消毒：开放式饮水系统，确保远端含氯为3mg/L，乳头饮水器为1mg/L，水质要经常化验，确保水中大肠杆菌数不超标。注意在饮水免疫前48h及后24h，停止氯化物在水中的使用。

3. 免疫 为保证鸡群的健康，免疫程序必须根据本地区本场的实际需要制定，免疫程序需经常审验。免疫程序一旦制定，必须认真执行。

疫苗使用应按生产厂家的说明正确储存和实施。并正确记录免疫日期、类型、次数、生产厂家、产品批号及失效日期。饮水免疫前48h，后24h，供水系统中无任何氯化物、药物等化学制剂。疫苗稀释后应在2h内全部用完，饮水免疫要确保鸡群在0.5h内喝完所有含疫苗水。应设专人保管疫苗。

4. 球虫控制 一套行之有效的球虫免疫程序是球虫抗体产生的主要因素。不论使用球虫病疫苗，还是抗球虫药都应遵循生产厂家的说明去做。使用球虫病疫苗时，应确保饲料中无抗球虫药。

5. 饲养方式 五星小型白羽肉鸡商品代采用地面平养、网上平养、进行肉鸡养殖。饲养密度不超过每平方米 16 只；种鸡由于父本与母本的体重相差太多，自然交配受精率低，应采用笼养方式进行养殖产蛋种鸡，人工授精。

（五）适宜区域

除西部海拔 3 000 m 以上地区外的国内所有区域。

（六）选育单位

依托单位：中国农业科学院北京畜牧兽医研究所
　　　　　安徽五星食品股份有限公司

联系人：胡祖义

联系电话：0563-4456171

网址：http://www.wuxing.cn

（供稿人：肉鸡产业技术体系宣城综合试验站）

十五、邵伯鸡（配套系）

（一）品种名称

邵伯鸡（配套系），（农 09 新品种证字第 12 号）。

（二）特征特性

邵伯鸡是中速型优质肉鸡配套系，外貌呈青脚麻羽，肉质好、适应性强；其母本为矮小型（dw 基因），具有产雏数多、节省饲料的特点（图 1-31 至图 1-33）。

图1-31　母系亲本

图1-32　父系亲本

图1-33　商品代

（三）生产性能

父母代种鸡生产性能见表1-36，商品代生产性能见表1-37。

表1-36　小型白羽肉鸡父母代种鸡生产性能

序　号	项　目	指　标
1	5%产蛋率时母鸡体重（g）	1300～1400
2	5%产蛋率时日龄（d）	145～150
3	产蛋高峰日龄（d）	189～196
4	高峰产蛋率（%）	≥78
5	66周龄入舍母鸡产蛋数（枚）	178～182
6	66周龄产种蛋数（HD）（枚）	168～175
7	受精率（%）	90～93
8	受精蛋孵化率（%）	88～91
9	1～19周成活率（%）	≥90
10	20～66周龄成活率（%）	≥91
11	66周龄母鸡体重（g）	1900～2200

表1-37　商品代鸡生产性能

序　号	项　目	指　标
1	出栏日龄（d）	70
2	成活率（%）	≥95
3	平均体重（g）	1100～1200
4	饲料转化率	2.90～3∶2∶1
5	屠宰率（%）	85.5～87.5
6	半净膛率（%）	81～82.5
7	全净膛率（%）	68.5～69.5
8	胸肌率（%）	18～19
9	腿肌率（%）	22～24

（四）养殖要点

种鸡和肉鸡均可采用地面平养、网上平养和笼养方式，肉鸡

还可采用放牧饲养方式。饲养期内，生物安全控制和一般饲养管理方法按常规进行。一些特殊饲养管理要点如下：

1. 种鸡养殖要点

（1）育雏期（0～6周龄）管理　雏鸡8～9日龄进行断喙。0～4周龄采取自由采食方式。从5周龄起，实行每日限喂。1～3日龄，23h光照，4～6日龄，每天减少2h光照，至7日龄始采用自然光照。光照强度不可太强，以3W/m²为宜。

（2）育成期（7～19周龄）管理　7周龄始，改用种鸡育成料。可按每100只母鸡每周加细石子1kg于料中饲喂，以促进饲料的消化吸收。8周龄时，可根据种鸡体重差异，分成大、中、小三群饲喂，以后每周根据个体发育情况及时调群，并根据体重大小适当增减饲料，使小母鸡每周都有均匀的增重。实行每日或五二制限制饲喂，重点控制好均匀度。地面平养时，公、母鸡在18周龄前应分开饲喂。公鸡1～9周龄自由采食，以后进行每日限喂。公鸡64日龄进行第一次选择。全群称重后淘汰体重太小，冠发育差，腿、脚等有缺陷的公鸡以及父本中因鉴别错误而留下的母鸡，使公母比例保持13：100。18周龄时，进行公鸡的第二次选择，按每100只母鸡选留12只体况优良公鸡。与母鸡一同转入产蛋舍，并按100：11（母：公）的比例混群饲养。多余的公鸡作后备用。转群前要做好各种疫苗的免疫接种。育成期采用自然光照，阳光强烈季节，鸡舍应适当遮光。

（3）产蛋期（20～66周龄）管理　从20周龄始，开始补充人工光照，每周增加0.5h光照，直至16h为止。鸡群见蛋时，饲料改成产蛋前期料，当产蛋率达5%时换成产蛋料。每周随产蛋率上升增加饲料，预期产蛋高峰前3周时饲料喂量到最大值。产蛋高峰过后，每周的饲料喂量应适当减少。

种鸡免疫时，为防止发生过度免疫，应根据群体抗体水平、地方发病史合理科学免疫,尽量减少应激。

2. 肉鸡养殖要点

(1) 1 ~ 21 日龄　饲喂黄羽肉鸡前期料。饲养密度为 20 ~ 40 只 /m²。光照时间,1 日龄 23.5h、2 日龄 23h、4 日龄 22.5h、7 日龄后 22h,光照强度 2.5 ~ 3W/m²。14 日龄后光照时间 20h,光照强度 1 ~ 1.5W/m²。14 日龄后,加强垫料管理,饲料中穿梭用药,预防球虫病。

(2) 22 ~ 49 日龄　饲喂黄羽肉鸡中期料。饲养密度为 15 ~ 20 只 /m²。逐渐脱温,加强通风换气,预防呼吸道病发生。

(3) 50 日龄~出栏　饲喂黄羽肉鸡后期料。饲养密度为 10 ~ 12 只 /m²。光照时间每天 18h,出栏前 2 周停止用药。

(五)适宜区域

适合我国除西藏外的所有地区饲养,特别适合西南、华东地区市场。

(六)选育单位

依托单位：江苏省家禽科学研究所

联系地址：江苏省扬州市江都区邵伯镇小街 2 号

邮政编码：225261

联系人：黎寿丰

联系电话：0514-6786722.13705250841

电子邮箱：yzlsf3333@126.com

(供稿人：肉鸡产业技术体系扬州综合试验站)

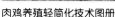

第二章 肉鸡营养需要与饲料配制技术

一、快大型黄羽肉鸡营养需要量

（一）技术名称

快大型黄羽肉鸡营养需要量。

（二）适用范围

上市日龄为 60 天左右的快大型黄羽肉鸡。

（三）技术要点

快大型黄羽肉鸡上市日龄在 60d 左右，公鸡的上市体重为 2.3kg 左右，母鸡的上市体重为 2.0kg 左右。建议公母分开、分三阶段饲养。

（四）营养需要

快大型黄羽肉鸡的营养需要见表 2-1。

表 2-1 快大型黄羽肉鸡营养需要（饲粮浓度）

营养指标	单 位	0～3 周龄		4～6 周龄		>7 周龄	
		公鸡	母鸡	公鸡	母鸡	公鸡	母鸡
代谢能	MJ/kg (Mc/kg)	12.19 (2.92)	12.92 (3.09)	12.54. (3.00)	12.54 (3.00)	13.38. (3.20)	12.96 (3.10)
粗蛋白质	%	21.0	21.0	19.0	19.0	15.5	15.5
蛋白能量比	g/kJ (g/kc)	17.23 (71.92)	16.25 (67.96)	15.15 (63.33)	15.15 (63.33)	11.58 (48.44)	11.96 (50.00)
赖氨酸能量比	g/kJ (g/kc)	0.86 (3.60)	0.81 (3.40)	0.76 (3.17)	0.76 (3.17)	0.64 (2.66)	0.66 (2.74)

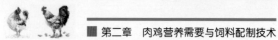

续表 2-1

营养指标	单 位	0～3 周龄		4～6 周龄		>7 周龄	
		公 鸡	母 鸡	公 鸡	母 鸡	公 鸡	母 鸡
赖氨酸	%	1.05	1.05	0.95	0.95	0.85	0.85
蛋氨酸	%	0.45	0.44	0.38	0.35	0.35	0.35
蛋氨酸＋胱氨酸	%	0.87	0.86	0.71	0.68	0.69	0.69
苏氨酸	%	0.75	0.82	0.77	0.74	0.71	0.64
色氨酸	%	0.21	0.21	0.20	0.20	0.17	0.17
精氨酸	%	1.19	1.19	1.1	1.1	1	1
亮氨酸	%	1.15	1.15	1.09	1.09	0.95	0.95
异亮氨酸	%	0.77	0.72	0.70	0.65	0.65	0.60
苯丙氨酸	%	0.69	0.69	0.65	0.65	0.56	0.56
苯丙氨酸＋酪氨酸	%	1.28	1.28	1.22	1.22	1	1
组氨酸	%	0.33	0.33	0.32	0.32	0.27	0.27
脯氨酸	%	0.57	0.57	0.55	0.55	0.46	0.46
缬氨酸	%	0.86	0.86	0.82	0.82	0.7	0.7
甘氨酸＋丝氨酸	%	1.19	1.19	1.14	1.14	0.97	0.97
钙	%	0.95		0.90		0.85	
总磷	%	0.68		0.65		0.60	
非植酸磷	%	0.51		0.40		0.37	
钠	%	0.15		0.15		0.15	
氯	%	0.15		0.15		0.15	
铁	mg/kg	80		80		80	
铜	mg/kg	8		10		16	
锌	mg/kg	74		63		63	
锰	mg/kg	60		60		90	
碘	mg/kg	0.35		0.35		0.35	
硒	mg/kg	0.08		0.15		0.22	
亚油酸	%	1		1		1.1	
维生素 A	U/kg	5660		3560		1700	

续表 2-1

营养指标	单 位	0 ～ 3 周龄		4 ～ 6 周龄		>7 周龄	
		公 鸡	母 鸡	公 鸡	母 鸡	公 鸡	母 鸡
维生素 D	U/kg	464		539		500	
维生素 E	U 单位 /kg	10		20		20	
维生素 K	mg/kg	0.50		0.50		0.50	
硫胺素	mg/kg	1.2		1.2		1.2	
核黄素	mg/kg	4		4		3	
泛 酸	mg/kg	10		10		10	
烟 酸	mg/kg	25		20		15	
吡哆醇	mg/kg	3.5		3.5		3.5	
生物素	mg/kg	0.15		0.15		0.15	
叶 酸	mg/kg	0.55		0.55		0.55	
维生素 B$_{12}$	mg/kg	0.010		0.010		0.010	
胆 碱	mg/kg	600		600		500	

表 2-2 快大型黄羽肉鸡每日每只的营养需要量

营养指标	单 位	0 ～ 3 周龄		4 ～ 6 周龄		>7 周龄	
		公 鸡	母 鸡	公 鸡	母 鸡	公 鸡	母 鸡
代谢能	kJ (Mc)	0.37 (0.088)	0.38 (0.090)	1.07 (0.256)	0.97 (0.233)	1.33 (0.317)	1.29 (0.298)
粗蛋白质	g	6.32	6.11	16.21	14.76	15.35	14.88
赖氨酸	g	0.32	0.31	0.81	0.74	0.84	0.82
蛋氨酸	g	0.14	0.13	0.32	0.27	0.35	0.34
蛋氨酸 + 胱氨酸	g	0.26	0.25	0.61	0.53	0.68	0.66
苏氨酸	g	0.23	0.24	0.66	0.57	0.70	0.61
色氨酸	g	0.06	0.06	0.17	0.16	0.17	0.16
精氨酸	g	0.36	0.354	0.94	0.85	0.99	0.96
亮氨酸	g	0.35	0.33	0.93	0.85	0.94	0.91
异亮氨酸	g	0.23	0.21	0.60	0.51	0.64	0.58
苯丙氨酸	g	0.21	0.20	0.55	0.50	0.56	0.54

续表 2-2

营养指标	单位	0～3周龄		4～6周龄		>7周龄	
		公鸡	母鸡	公鸡	母鸡	公鸡	母鸡
苯丙氨酸＋酪氨酸	g	0.39	0.37	1.04	0.95	0.99	0.96
组氨酸	g	0.10	0.10	0.27	0.25	0.27	0.26
脯氨酸	g	0.17	0.17	0.47	0.43	0.46	0.44
缬氨酸	g	0.26	0.25	0.70	0.64	0.69	0.67
甘氨酸＋丝氨酸	g	0.36	0.35	0.97	0.89	0.96	0.93
钙	g	0.29	0.28	0.77	0.70	0.84	0.82
总 磷	g	0.20	0.20	0.55	0.50	0.60	0.58
非植酸磷	g	0.15	0.15	0.34	0.31	0.37	0.36
钠	g	0.05	0.04	0.13	0.12	0.15	0.14
氯	g	0.05	0.04	0.13	0.12	0.15	0.14
铁	mg	2.41	2.33	6.82	6.21	7.93	7.70
铜	mg	0.24	0.23	0.85	0.78	1.58	1.54
锌	mg	2.23	2.15	5.37	4.90	6.24	6.05
锰	mg	1.81	1.75	5.12	4.66	8.93	8.66
碘	mg	0.01	0.01	0.03	0.03	0.03	0.03
硒	ug	2.40	2.30	12.80	11.70	21.80	21.10
亚油酸	g	0.30	0.29	0.85	0.78	1.09	1.06
维生素 A	U	170	165	304	277	169	164
维生素 D	U	13.96	13.50	45.99	41.87	49.52	48.00
维生素 E	U	0.30	0.29	1.71	1.55	1.98	1.92
维生素 K	mg	0.02	0.01	0.04	0.04	0.05	0.05
硫胺素	mg	0.04	0.035	0.10	0.093	0.12	0.115
核黄素	mg	0.12	0.12	0.34	0.31	0.30	0.29
泛 酸	mg	0.30	0.29	0.85	0.78	0.99	0.96
烟 酸	mg	0.75	0.73	1.71	1.55	1.49	1.44
吡哆醇	mg	0.11	0.10	0.30	0.27	0.35	0.34
生物素	mg	0.005	0.004	0.01	0.01	0.01	0.01

续表 2-2

营养指标	单 位	0~3周龄		4~6周龄		>7周龄	
		公鸡	母鸡	公鸡	母鸡	公鸡	母鸡
叶 酸	mg	0.02	0.02	0.05	0.04	0.05	0.05
维生素 B$_{12}$	mg	0.0003	0.0003	0.001	0.001	0.001	0.001
胆 碱	mg	18.05	17.45	51.16	46.59	49.59	48.10

表 2-3 快大型黄羽肉鸡可消化必需氨基酸需要量

营养指标	0~3周龄		4~6周龄		>7周龄	
	公 鸡	母 鸡	公 鸡	母 鸡	公 鸡	母 鸡
可消化赖氨酸（%）	0.96	0.96	0.86	0.86	0.77	0.77
可消化蛋氨酸（%）	0.42	0.41	0.35	0.32	0.33	0.33
可消化苏氨酸（%）	0.65	0.71	0.68	0.65	0.62	0.56
可消化色氨酸（%）	0.19	0.19	0.17	0.17	0.15	0.15
可消化异亮氨酸（%）	0.72	0.67	0.65	0.60	0.60	0.55
表示为每日每只需要量						
可消化赖氨酸（g/d）	0.29	0.28	0.73	0.67	0.76	0.74
可消化蛋氨酸（g/d）	0.13	0.12	0.30	0.25	0.33	0.32
可消化苏氨酸（g/d）	0.20	0.21	0.58	0.51	0.61	0.54
可消化色氨酸（g/d）	0.06	0.06	0.15	0.13	0.15	0.14
可消化异亮氨酸（g/d）	0.22	0.19	0.55	0.47	0.59	0.53

（五）技术依托单位

依托单位：广东省农业科学院动物科学研究所

联系地址：广州市天河区大丰一街 1 号

邮政编码：510640

联系人：蒋守群

联系电话：020-61368822

传真号码：020-38765373

电子邮箱：jsqun3100@sohu.com

（供稿人：肉鸡产业技术体系营养与饲料岗位专家 蒋守群）

二、肉鸡生长与营养动态化软件及其应用

(一)产品名称

肉鸡生长与营养动态优化软件及其应用技术。

(二)特征特性

该技术是针对我国肉鸡标准化和规模化养殖需要而开发的一项技术成果。该成果实现了根据肉鸡养殖的营养水平和环境条件预测肉鸡任意日龄的生产性能,并能根据肉鸡上市日龄、上市体重、饲料转化率、胸肉产量等生产目标制定养殖成本最低的饲养方案和饲料配方,达到降低养殖成本、提高养殖收益、减少污染排放的目的。该成果填补了我国在肉鸡动态营养与生产性能预测领域的空白,有利于肉鸡企业实现生产管理的科学决策,为实现我国肉鸡精准饲养提供了技术保障,同时对其他动物生长模型的研究开发也具有重要的借鉴意义。该成果总体达到国际先进、国内领先水平。通过多批次规模化肉鸡实际生产饲养验证,结果表明该软件技术对肉鸡生长与生产性能的预测准确率(拟合度)达95%以上,具有优良的实用价值和良好的应用前景(图2-1)。

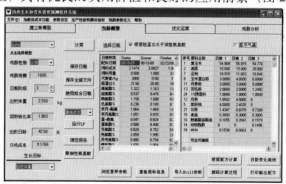

图2-1　肉鸡生长与营养动态优化软件

（三）适用范围

该成果应用于不同养殖规模的标准化白羽肉鸡养殖场和养殖公司，可用于预测鸡群生产成绩、优化饲养方案。也可在肉鸡饲料生产企业推广应用，优化饲料配方。

（四）技术要点

1.通过收集历史数据建立当前生产条件下鸡群的预测模型。

2.根据设定日粮营养水平，预测某批次肉鸡的饲料成本，出栏体重，采食量等生产性能参数，以及屠宰性能指标。

3.根据客户的生产目标（体重、出栏日龄、采食量等），优化日粮营养水平和饲养阶段划分，并根据给定的原料和价格计算最低成本配方。

4.根据客户对胸肌和腿肌的喜好程度，优化饲料营养水平和饲养阶段划分，并根据给定的原料和价格计算最低成本配方。

5.根据历史生产纪录，对某一批肉鸡的生产成绩进行评价和诊断。

通过以上功能的组合，形成一个能够指导肉鸡养殖企业优化日粮的技术体系。

注意：本软件须在具备肉鸡营养和饲料专业知识的技术人员指导下使用。

（五）技术依托单位

依托单位：中国农业科学院饲料研究所

联系人：刘国华

联系电话：010-82105477

电子邮箱：liuguohua@mail.caas.net.cn

（供稿人：肉鸡产业技术体系饲料营养价值评定岗位专家　蔡

辉益）

三、一种新型高效活性铬添加剂

（一）产品名称

新型高效活性铬添加剂。

（二）特征特性

该产品为浅草绿色细粉末，无气味，流动性好，产品见图 2-2。

（三）适用范围

适于肉鸡等所有养殖家禽的饲料添加。

（四）技术要点

本岗位专家及其团队的系列研究新成果一致表明，此高效活性铬可显著减轻肉鸡等家禽的热应激反

图 2-2　新型高效活性铬添加剂

应，显著提高常规及热应激条件下肉鸡生长性能和胸肌产量，明显增强常规及热应激条件下肉鸡等家禽的细胞免疫功能和禽流感 H5N1 抗体效价等体液免疫功能，还可显著加深鸡蛋蛋黄颜色、改善蛋壳品质及提高血清碱性磷酸酶（AKP）活性，且在提高饲料转化率、免疫功能和增强鸡只耐糖能力方面的效果优于吡啶羧酸铬及酵母铬，而其成本明显低于吡啶羧酸铬及酵母铬。该产品用量极少，成本低，但效果明显且恒定，推广此新型高效活性铬添加剂，可提升肉鸡养殖企业的经济效益。

（五）使用方法

本产品中高效活性铬元素的含量为1%，在肉鸡各生长阶段全价配合饲料中高效活性铬元素的建议添加剂量仅0.4 mg/kg，即在每吨全价配合饲料中添加该含1%高效活性铬元素的产品仅40g。

（六）注意事项

一定要将此极微量的铬制剂逐级稀释，均匀拌于肉鸡全价配合饲料中，且要在其全价配合饲料中长时间添加才能显示其应有效果。

（七）贮存方法

在干燥、阴凉处室温保存。

（八）技术依托单位

依托单位：中国农业科学院北京畜牧兽医研究所矿物元素营养研究室

联系人：罗绪刚

联系电话：010-62810184

电子邮箱：wlysz@263.net

（供稿人：肉鸡产业技术体系岗位专家罗绪刚）

四、一种新型高效活性锰添加剂

（一）产品名称

新型高效活性锰添加剂。

（二）特征特性

该产品为淡黄色细粉末，无气味，流动性好，产品见图 2-3。

（三）适用范围

适于肉鸡等所有养殖家禽的饲料添加。

（四）技术要点

目前，我国肉鸡等家禽饲粮

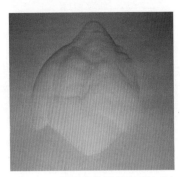

图 2-3　新型高效活性锰添加剂

中最常应用的锰添加剂为无机锰（主要是硫酸锰）。无机锰存在易吸潮结块、吸收利用低、与其在动物体内发挥生物学作用的主要存在形式有很大差异等缺点。因此，研发与动物体内主要存在形式趋近、分子表面呈电中性、生物活性高的新型有机锰产品，正引起人们越来越广泛的关注。本岗位专家及其团队的系列研究新成果一致表明，并非所有的有机锰都一定优于其无机形态，关键取决于锰元素与有机配位体之间形成键的强度即络（螯）合强度。只有特定适宜络（螯）合强度的有机锰在肉鸡体内的吸收利用才真正优于其无机形态，对肉鸡的相对生物学利用率比无机硫酸锰高 30% 以上，因而可明显减少锰元素在肉鸡饲料中的添加量及锰向环境中的排放量。推广此新型高效活性锰添加剂，可提升肉鸡养殖企业的经济效益，同时减少锰元素排出对环境的污染。

（五）使用方法

本产品在肉鸡各生长阶段全价配合饲料中的建议添加剂量（以锰元素计）为：1 ～ 21 日龄 80 ～ 90ppm；22 ～ 42 日龄

50 ～ 60 ppm。

（六）注意事项

一定要将此微量的有机锰添加制剂逐级稀释，均匀拌于肉鸡全价配合饲料中，且要在其全价配合饲料中长时间添加才能显示其应有效果。

（七）贮存方法

在干燥、阴凉处室温保存。

（八）技术依托单位

依托单位：中国农业科学院北京畜牧兽医研究所矿物元素营养研究室

联系人：罗绪刚

联系电话：010-62810184

电子邮箱：wlysz@263.net

（供稿人：肉鸡产业技术体系岗位专家　罗绪刚）

五、一种高效抗氧化添加剂——益长素

（一）产品名称

一种高效抗氧化添加剂——益长素。

（二）特征特性

自由基清除剂（体内抗氧化剂），具有很强的体内抗氧化功能，适量添加本品可减少或替代饲料中维生素 E 30% ～ 50% 的用量。

图2-4 鸡高效抗氧化添加剂——益长素产品

（三）适用范围

适用于畜禽养殖与饲料生产企业。

（四）技术要点

益长素在肉鸡中的适宜添加量：小鸡阶段（1～21日龄）：300～350g/t；中鸡阶段（22～42日龄）：150～300g/t；大鸡阶段（>42日龄）分别为150～300g/t。

益长素在肉种鸡中的适宜添加量：育雏期（0～6周龄）：300～350g/t；育成期（6～18周龄）：150～300g/t；肉种鸡母鸡产蛋期和公鸡成年期（250～300g/t）。

益长素在肉鸡中的添加方法：益长素应在预混料配制过程中添加，有助于充分混匀；或用新鲜米糠、次粉作为载体稀释剂逐级等比稀释后，以益长素＋载体稀释剂与全价料的比值大于1∶100的量添加，充分混匀。

益长素贮存方法：密封，阴凉、干燥、避光处保存。正常贮存条件下，本品有效期为24个月。

益长素为自由基清除剂，具有很强的体内抗氧化功能，添加

本品可减少或替代饲料中部分维生素 E 30% ~ 50% 的用量。本产品含有天然植物源成分，用量少、无毒性、无残留、安全性高。该添加剂能耐受饲料高温制粒、耐长期贮存、流散性好，加于饲料中易混匀。

饲料中添加益长素能减少机体氧化应激条件下自由基的产生，有效清除自由基，消除自由基对机体的危害，从而改善机体的健康，提高营养物质在体内代谢的转化效率。促进畜禽生长，可替代饲料中部分抗革兰氏阳性菌（G⁺）的抗生素。

饲料中添加益长素可消除肠道过氧化损伤，修复肠黏膜，促进肠绒毛生长，改善肠道健康，同时促进机体抗氧化物质的分泌，提高机体抗氧化酶的活性，增强体内抗氧化能力，提高肌肉红度，降低滴水损失，改善肉质，延长货架期。

对于成年的种畜禽而言，其机体抗氧化功能减退，体内自由基平衡系统失衡，饲料中添加益长素可增强机体抗氧化的防御功能，提高种禽产蛋率、受精率和孵化率，提高种畜禽繁殖能力。

（五）技术依托单位

依托单位：广东省农业科学院动物科学研究所

联系地址：广州市天河区大丰一街 1 号

邮政编码：510640

联系人：蒋守群

联系电话：020-61368822

电子邮箱：jsqun3100@sohu.com

（供稿人：肉鸡产业技术体系营养与饲料岗位专家　蒋守群）

六、饲料用葡萄糖氧化酶高效生产技术

(一) 技术名称

饲料用葡萄糖氧化酶高效生产技术。

(二) 技术概述

葡萄糖氧化酶能够高效地将葡萄糖氧化成葡萄糖酸，其副产物为过氧化氢 H_2O_2。在表达葡萄糖氧化酶时，宿主菌细胞内的葡萄糖会被氧化，产生的 H_2O_2 会对宿主菌造成严重的损伤，宿主菌会处于严重的氧化应激。已报道的葡萄糖氧化酶异源表达水平均比较低，最高的也只有 $350U/mL$ 发酵液，严重限制了葡萄糖氧化酶的应用。针对于过氧化氢对宿主造成的氧化应激，一方面通过在葡萄糖宿主菌株毕赤酵母中胞内共表达其自身来源的过氧化氢酶，以及时水解由于葡萄糖氧化所产生的 H_2O_2，以减少 H_2O_2 对宿主菌的损伤。通过共表达过氧化酶（Cat1），葡萄糖氧化酶的表达量得到大幅度的提高，在 15L 发酵罐的小试水平达到了 $3\,000U/mL$，比目前报道的最高的表达水平提高了近 10 倍；另一方面，通过表达谷胱甘肽还原酶（Glr1），以期提高葡萄糖氧化酶表达宿主中还原型谷胱甘肽的量，减低宿主的氧化应激。进一步在 $3\,000U/mL$ 的表达菌株中，提高谷胱甘肽还原酶基因的表达，葡萄糖氧化酶的表达量得到再次的提高，小试条件已经达到 $4\,500U/mL$ 的发酵液，完全满足了其应用的需求。

(三) 技术要点

高效生产菌株的保存和复壮技术；
高细胞密度发酵生产技术；

酶的后加工工艺技术；

酶的应用配套技术。

（四）适宜区域

国内各地的发酵企业、酶制剂生产企业，产品可应用于所有单胃动物饲料中。

（五）注意事项

产品在应用过程中须注意与别的饲料用酶的配合使用。

（六）技术依托单位

依托单位：中国农业科学院饲料研究所
联系地址：北京市海淀区中关村南大街 12 号
邮政编码：100081
联系人：姚斌
联系电话：010-82106053
电子邮箱：yaobin@mali.caas.net.cn

七、饲料用甘露聚糖酶高效生产技术

（一）技术名称

饲料用甘露聚糖酶高效生产技术。

（二）技术概述

甘露聚糖酶是一种新型的饲料用酶制剂，可降解在饲料中普遍存在的甘露聚糖这一抗营养因子造成的问题，提高饲料转化率，减轻养殖业的环境污染。但目前的甘露聚糖酶存在性能差、生产成本高的问题，不能满足饲料工业的要求。

获得综合性质较优良的甘露聚糖酶及其基因，该酶具有适合于在饲料中应用的综合优良性质：在酸性和中性环境中能保持较高的活性，且其在 pH0.5 ～ 12.0 的环境中均稳定；该酶具有较好的耐热性，在 90℃ 中处理 1h 酶活性保持 80% 以上；该酶还具有极好的抗蛋白酶能力，能够抵御胃蛋白酶和胰蛋白酶的水解作用。构建了高效表达甘露聚糖酶的重组酵母，在其表达量达到 10mg/mL 发酵液，其效价达 40 000U/mL，远远高于国内外的报道和专利水平。同时，建立了生产甘露聚糖酶的高细胞密度发酵工艺、产品后加工工艺，酶在后加工过程中的回收率超过 90%。该技术已完成中试和试生产，技术成熟，可进行产业化生产，整体达到国际领先水平。

增产增效情况：按目前的技术水平，β‑甘露聚糖酶在饲料中的的添加成本为 1 元/t，应用酶后，饲料报酬一般可提高 10% ～ 16%，综合经济效益提高 7% ～ 15%，即每吨饲料最终可多获得的经济效益为 10 元以上，减去酶添加成本后，每吨加酶饲料的应用可获利 9 元。我国如 1/3 应用上述某一种酶后，其经济效益将达到 2.25 亿元。

（三）技术要点

高效生产菌株的保存和复壮技术；
高细胞密度发酵生产技术；
酶的后加工工艺技术；
酶的应用配套技术。

（四）适宜区域

国内各地的发酵企业、酶制剂生产企业，产品可应用于所有单胃动物饲料中。

（五）注意事项

产品在应用过程中须注意与别的饲料用酶的配合使用。

（六）技术依托单位

依托单位：中国农业科学院饲料研究所

联系地址：北京市海淀区中关村南大街 12 号

邮政编码：100081

联系人：姚斌

联系电话：010-82106053

电子邮箱：yaobin@mali.caas.net.cn

八、一种促进雏鸡肠道健康改善雏鸡生长的高效环保型饲料

（一）产品名称

雏康 600。

（二）特征特性

本产品为淡黄色均一小颗粒，具有原粮的芳香气味，适口性好，消化率高，雏鸡喜食；有效促进雏鸡肠道发育，增强养分吸收，避免食源性腹泻；有益于雏鸡的免疫器官发育，增强雏鸡自身免疫力，抵抗外界有害微生物的侵染；360°精准营养方案及原料配伍和完善的加工工艺，充分满足雏鸡快速生长对营养的需求，达到高效保健和环保的生产目的（图 2-5）。

图 2-5　雏康产品

（三）适用范围

肉雏鸡 0 ~ 10 日龄，直接饲喂。

（四）技术要点

0 ~ 10 日龄是肉鸡生长快速期，达到顶峰时每天约增长20%。为了发挥遗传潜力，雏鸡在出壳后必须立即承受能量代谢及营养补给动力学上的转变，从卵内营养转化到外源的饲料营养。残留卵黄的存在也许足以维持生存，但不足以维持最佳生长，况且残留卵黄中的母源抗体、胆固醇和多不饱和脂肪酸等具有特殊功能，而不应是用于雏鸡增重。尽早开食和科学的雏鸡早期营养不但可促进雏鸡对卵黄吸收利用、而且保证了肠道、免疫器官的生长发育及肌肉组织和骨骼细胞早期发育。雏康 600 有效的乳化作用，不但促进雏鸡对残留卵黄的吸收而且有效地乳化了饲料脂肪呈微糜状态，便于雏鸡在少有内源脂肪酶存在的条件下对脂肪的消化吸收，同时通过丰富的外源性酶制剂的添加，弥补雏鸡早期体内消化酶的匮乏，提高外源性饲料的消化率；在 360° 精准营养方案下，雏康 600 的优质原料、高效的抗营养因子消除及加工工艺技术保证了其高效的消化吸收率，避免食源性腹泻。雏康

600 不但有效促进肠道的生长发育，而且能够对肠上皮黏膜细胞进行及时的修复，阻断有害微生物的定植，清除肠道病原菌，平衡肠道菌群，预防雏鸡早期腹泻及肠道炎症的发生，改善肠道功能，增强养分消化吸收能力。雏康 600 含有合理的高效免疫调节剂，促进雏鸡免疫器官发育并增强了雏鸡早期抗应激能力，大大提高了早期雏鸡的成活率。雏康 600 是在保证雏鸡肠道健康前提下，提高雏鸡生产效率的高效环保型饲料。

（五）技术依托单位

依托单位：中国农业大学动物科技学院
　　　　　北京博农利生物科技有限公司
联系人：赵向红
联系电话：010-82744962
网址：http：//www.chinablooming.com.cn/
（供稿人：肉鸡产业技术体系岗位专家　呙于明）

第三章 肉鸡养殖环境控制

一、NSP复合酶制剂改善鸡舍内环境技术

(一)技术名称

NSP复合酶制剂改善养殖环境技术。

(二)适用范围

规模化标准化肉鸡养殖场。

(三)技术要点

1. 技术简介　　玉米是最主要的能量饲料，大麦、小麦和黑麦等麦类饲料因其含有抗营养因子使其应用受到限制。添加NSP酶能够提高饲料养分利用率，改进生产性能。家禽日粮中增加小麦的使用量，不仅能够减少对玉米饲料原料的依赖，而且可起到节约饲料成本的作用。小麦中含有木聚糖、葡聚糖等非淀粉多糖，可产生抗营养作用，造成饲料消化率降低，动物易产生黏、稀粪便。因此，在畜禽日粮使用非淀粉多糖酶（NSP酶）越来越受到重视，NSP酶可降解日粮NSP，减少后肠发酵，促进其肠道健康，扩大可用饲料来源，提高养分消化率，改善生产性能。

不同饲料中的NSP含量和结构差异很大，NSP酶的作用效果与日粮底物、酶的活性、酶谱组成有很大关系。因此，要提高NSP酶在饲料中使用效果，最大限度提高养分消化率，需要根据饲料原料NSP组分的不同，添加合适的NSP酶组合。本技术利

用胃蛋白酶－胰液素两步酶水解法，针对不同肉鸡饲料配方，通过正交旋转试验设计，优化NSP酶组合。利用NSP酶的有效使用，减少排泄物含氮物质的产生量，从而改善鸡舍养殖环境。

2.复合酶的制备 五种NSP酶：木聚糖酶、纤维素酶、果胶酶和β-葡聚糖酶和β-甘露聚糖酶。玉米－豆粕型基础日粮的最佳酶谱为：木聚糖酶34 900U/kg、β-葡聚糖酶6 750U/kg、纤维素酶1 160U/kg、果胶酶870U/kg、β-甘露聚糖酶24 540U/kg；小麦－豆粕型基础日粮的最佳酶谱为：木聚糖酶65 400U/kg、β-葡聚糖酶10 150U/kg、纤维素酶1 000U/kg、果胶酶500U/kg、β-甘露聚糖酶5 150U/kg。

3.复合酶制剂的使用 用于生产全价配合饲料或者浓缩饲料。依据5种酶的有效酶活性以及最佳配合比例，在饲料中添加NSP酶，利用NSP复合酶对原料中非淀粉多糖的有效降解，提高饲料利用效率，从而减少排泄物中氨气产生量，改善鸡舍养殖环境。

（四）注意事项

①使用时，要对各种NSP单酶的活性进行检测，以确保NSP酶的使用效果。

②NSP酶本身是一种蛋白质，影响蛋白质的因素都会影响NSP酶的活性。因此，在饲料生产过程中一定要注意温度、酸碱性、重金属离子等因素对NSP酶活性的影响，以便达到最佳使用效果。

③许多矿物元素对酶制剂具有拮抗作用；有些抗生素也可能对酶的活性有破坏作用；酸化剂、氧化剂、重金属等物质也明显影响酶的活性，因此在使用过程中应避免酶制剂和这些物质的直接接触。特别是不能将酶制剂用作生产预混料的原料。

（供稿人：肉鸡产业技术体系岗位专家张宏福，河北、信阳、

南昌和南宁综合试验站）

二、芽孢杆菌复合喷雾制剂改善舍内环境技术

（一）技术名称

芽孢杆菌复合喷雾制剂改善养殖环境技术。

（二）适用范围

规模化标准化肉鸡养殖场。

（三）技术要点

1. **技术简介**　畜禽舍养殖环境的改善是当前规模化养殖技术的重要组成部分。通过畜禽舍内喷洒复合芽孢杆菌喷雾制剂，可及时减少氨气产生，减少尘埃，净化空气，有效地杀灭舍内空气及养殖环境中的潜在性病原微生物，减少传染病的发生，为畜禽生长发育创造一个良好的环境，提高养殖效益。

复合芽孢杆菌喷雾制剂主要含有大量解淀粉芽孢杆菌及苏云金芽孢杆菌的活菌、死菌、酶、细菌素以及代谢产物，利用芽孢杆菌的抗逆特性以及有效抑制大肠杆菌等条件致病菌的特性，改善养殖环境的微生态平衡，降低环境中的恶臭，减少苍蝇，改善养殖环境，提高畜禽健康水平，降低发病率和死亡率。

2. **复合芽孢杆菌菌液的制备**　称取解淀粉芽孢杆菌粉剂（有效浓度至少 4×10^9）溶于 30℃ ～ 37℃ 无菌水中，配制成悬浊液，浓度为 1g/100mL，充分混合。称取苏云金芽孢杆菌粉剂（有效浓度至少 2×10^9）溶于 30℃ ～ 37℃ 无菌水中，配制成悬浊液，浓度为 2g/100mL，充分混合。将解淀粉芽孢杆菌菌悬液与苏云金芽孢杆菌菌悬液按照 1：2 的比例混合。

芽孢杆菌在保存过程中，微生物是处于稳定的休眠状态，在使用时必须加入等量的营养剂进行稀释和复苏。营养剂是芽孢杆菌的培养基，营养剂与菌悬液充分混合后，30℃～37℃水浴锅中复苏2～3h，能够激活微生物，提高菌群的繁殖速度，加大生物量，增强使用效果。

3. 使用方法 喷雾器喷洒畜禽舍各部位，雾粒直径应以80～120μm为宜，喷洒剂量2mL/m³，喷洒周期，1～21日龄为2d1次，22～42日龄为1d1次。

喷雾器清洗干净，将配好的芽孢杆菌菌悬液倒入其中，可由鸡舍的一端开始喷洒，边喷雾边向另一端慢慢走。喷雾器喷头要向上，使菌液像雾一样慢慢下落。喷头距鸡体60～80cm高度的位置喷雾；地面、墙壁、顶棚、笼具都要喷洒，均匀喷雾，不留死角。

建议使用自动化喷雾设备，雾化程度高，在空气中停留时间较长，对环境的改善修改较好。小型背负式喷雾器适合于中小型肉鸡养殖场，设施化的全自动喷雾设备适合于大型养殖场，尤其是一条龙式的大型集约化养殖集团。全自动喷雾设备的雾线必须保证良好的气密性，高压泵应达到所需压力，保证规定时间内达到足够的喷雾量。

（四）注意事项

①配制成的悬浊液在12h之内使用，使用前需摇匀。

②喷洒时避免直接对着鸡只喷洒，以便减少应激。

③避免与抗生素和杀菌剂等同时使用，如果使用的水中有漂白粉，将水放置1夜后，去除氯以后使用。

④与鸡群的正常免疫相隔开，免疫当日停止喷洒。

⑤喷雾操作人员穿工作服和戴口罩。

⑥经常检查喷雾设备的喷头有无漏水、堵塞等问题，并及时解决，以免影响喷雾效果。

（供稿人：肉鸡产业技术体系岗位专家张宏福与河北、南昌、信阳和南宁综合试验站）

三、肉鸡光照控制技术

（一）技术名称

肉鸡光照控制技术。

（二）适用范围

商品肉鸡。

（三）技术要点

1. **光源**　节能灯的使用不断普及，最新推荐使用的是 LED 灯，优点是光电转化效率高，节能效果好，而且灯具的使用寿命长。LED 灯能耗仅为白炽灯的 1/10，节能灯的 1/4，寿命可达 10 万 h 以上。光源的波长，亦即光谱或者光的颜色，对于肉鸡，多数选择的是通用型，也就是这些灯既适合蛋鸡，也适合肉鸡。综合试验结果，建议可采用短波长的蓝色光，有利于肉鸡生长和提高成活率。

2. **光照时间和节律**　白羽肉鸡：不同品种之间生长模式有所不同，采取的光照制度可有所差别。对于前期生长快的科宝肉鸡，适合采取先减后加的光照程序，以控制前期过快的生长速度，从而减少肉鸡腹水症和鸡猝死综合征的发生，即 1～3 日龄 24 h，4～7 日龄为 23 h，8～17 日龄限制光照时间为 9～12 h，18 日龄开始增加到 16 h，以后每周增加 1～2 h，直到第六周为 20 h。

AA 肉鸡等其他品种可采取每天 18 ～ 20h 的连续光照。黄羽肉鸡：分快、中、慢速型，前 7d 光照时间与白羽肉鸡一样，以后快速和中速型建议采用每天 16 ～ 18h，有利于鸡健康生长。慢速型考虑到早熟和鸡肉沉积脂肪增加风味，可采取先减后加的光照制度，以促进性腺发育。第 2 ～ 8 周可为 8 ～ 12h，第九周开始每周增加 1h，至出栏为 18h 左右。白天采用自然光照的鸡舍，则可以在夜间补充 1 ～ 2h 光照即可。

3. 光照强度 肉鸡 7 日龄以内 10 ～ 20 lx，以后 5 lx 即可。生产实践中光强设置为 5 ～ 10 lx 为宜，光照强度太弱肉鸡的活动量减少，增加患腿病的风险；太强使其烦躁不安，不利于肉鸡的生长发育（图 3-1 至图 3-3）。

① 液晶显示器
② 开关/范围旋盘
③ 光电探测器

图 3-1　照度计，可用于检测鸡舍内光照强度

图 3-2　节能灯（左）LED 灯（右）

图 3-3　LED 灯在密闭白羽肉鸡舍的分布

（四）注意事项

在生产中无论采用哪种光源，光照强度不要太大，使用 2 ~ 3 瓦 LED 灯或 5 瓦普通节能灯即可，使光源在舍内均匀分布，一般光源间距为其高度的 1 ~ 1.5 倍，不同列灯泡采用梅花状错位排列。使用灯罩比无灯罩的光照强度增加约 45%，由于鸡舍内灰尘和小昆虫黏附，灯泡和灯罩易脏，需要经常擦拭干净，并且要经常检查更换灯泡以保持足够亮度。LED 灯是新技术，价格相对偏高，市场上存在一些仿冒低端劣质产品，要注意采购有"三包"凭证的正规厂家产品。

（供稿人：国家肉鸡产业技术体系生产与环境控制功能研究室岗位专家　陈继兰）

四、适合中小鸡舍控制光照强度和光照节律的方法

（一）技术名称

适合中小鸡舍控制光照强度和光照节律的方法。

（二）技术要点

目前，中小型养殖场主要是通过更换不同功率的白炽灯来控制鸡舍光照强度，通过人工开关电源来控制光照节律。这种方法存在以下缺点：①人工的劳动强度大；②养殖成本高；③易使动物产生应激反应引发疾病的产生，降低养殖经济效益。

本方法针对以上问题，通过在鸡舍光照电路中安装接触式调压器、交流接触器、时间继电器等设备，通过调节接触调压器改变电压来控制白炽灯的光照强度，通过交流接触器和时间继电器

的配合使用控制白炽灯的明暗时间从而控制光照节律（图 3-4）。本方法所用设备价格便宜，组装方便，适宜在中小鸡场使用。

通过本项技术可有效降低人工劳动强度，节约电费，减少养殖成本投入，提高肉鸡生长性能，显著提高养殖生产的工作效率和经济效益。

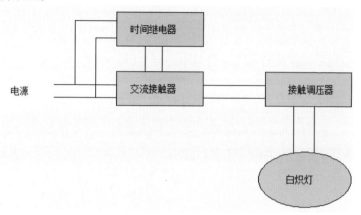

图 3-4　时间继电器、交流接触器和接触调压器连接示意图

（三）适宜区域

适宜于全国。

（四）注意事项

购买接触式调压器、交流接触器、时间继电器等设备要注意产品质量，安装时需专业电工进行安装调试。

（五）技术依托单位

依托单位：河南省农业科学院畜牧兽医研究所

联系地址：河南省郑州市花园路 116 号

联系人：李绍钰

联系电话：037165738173

电子邮箱：lishaoyu9617@aliyun.com

五、垫料消毒去霉处理技术

（一）技术名称

垫料消毒去霉处理技术。

（二）适用范围

适用于全国。

（三）技术要点

为了减少细菌性疾病、寄生虫病以及黄曲霉菌病，对垫料进行消毒和去霉处理，提高了肉鸡养殖成活率，具体做法为：

①外购来的垫料先进行粗滤，去除灰尘或杂质；

②将稻壳按 $6 kg/m^2$ 的量（$6 \sim 8 cm$ 厚）整舍铺匀、扫平，将所有的设施安装、摆放到位，准备好所需的消毒药物。

③用常规戊二醛消毒剂按 1：500 的浓度配兑好，按 500 mL/m^2 的水量打翻垫料喷雾消毒，同时兼顾到棚顶和设施；

④第二天，将硫酸铜按 0.1% 的浓度配兑好，按 300 mL/m^2 的水量打翻垫料喷雾消毒，处理霉菌；

⑤第三天，密封好鸡舍，用高纯戊二醛＋甘油熏蒸消毒。准备好专用雾化熏蒸机 4 台，均匀地分布于鸡舍前中后 4 个点，将熏蒸机出口从 1.5 米高的侧墙出伸入鸡舍待用；将高纯戊二醛以 $0.8 mL/m^3$、甘油以 $0.4 mL/m^3$、水以 $3.6 mL/m^3$ 的量配兑好，平均分装于 4 台熏蒸机内，点火熏蒸。

（四）技术依托单位

依托单位：湖北省农业科学院

联系地址：武汉市洪山区南湖瑶苑特 1 号

邮政编码：430064

联系人：申杰

联系电话：027-87380190

电子邮箱：15927657060@163.com

（供稿人：肉鸡产业技术体系武汉综合试验站）

六、肉鸡宰前雾化喷淋－通风静养技术

（一）技术名称

肉鸡宰前雾化喷淋－通风静养技术。

（二）特征特性

本技术提供的一项减缓肉禽夏季运输热应激的装置（包括供水单元、雾化喷淋－通风单元和电路单元），将风机（包括抽风机和轴流风机）和雾化喷头组合运用，达到了雾化喷淋－立体通风－快速降温的效果（实际效果图见图 3-5）；有效保证了宰后

图 3-5　实际使用现场图

禽肉的加工品质、改善水分流失和肉质变软的状况，同时为企业降低了生产成本，且所需设备简单，操作简便，可操作性强，适合广泛推广应用。

（三）适用范围

室外温度超过28℃地域内的肉鸡屠宰企业，用于肉鸡宰前静养阶段。

（四）技术要点

1. **厂房模块** 依据实际情况选择合适厂房地址（近屠宰挂鸡处），厂房三面均用砖墙，正面选用铝塑材质的卷帘门。厂房内地面应略高于原地面10cm，地面为水泥材质即可；在内地面与侧墙的结合处开4～6处排水口，避免厂房因潮湿而产生霉菌；卷帘门尺寸依据厂房和活鸡运输车自行设计，建议为：宽×高为5m×4.4m；砖墙尺寸建议：长×高＋宽×高为12m×4.5m×5m

砖墙以实心砖作为材料，厚度约24cm，砖墙里需添置钢筋，墙内侧贴瓷砖，外侧选用弹性涂料。

2. **通风模块**

（1）小风机部分 ①墙面两侧打圆孔，用来放置风机；建议孔径390mm，其中一侧距离内地面1.6m，距离大门4m；另一侧距离内地面2.5m，距离大门2.5m；各风机之间间距3m。②风机防雨罩需安装在墙孔处。防雨罩需伸出墙外500mm。

厂房和风机设计工程图如图3-6所示。

（2）抽风机部分 ①厂房屋顶正中需放置108kg的抽风机，加上其余附属材料，屋顶需承受压力在150kg左右。②抽风机支架根据抽风机尺寸而定：方形内径137cm，外径146cm，总高59cm，圆形内径131cm，圆形高度29cm。抽风机及其支架实物

图如图 3-7 所示。

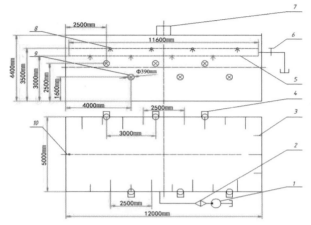

图 3-6 工 程 图

1.泵 2.过滤器 3.喷头 4.风机 5.水管 6.压力控制阀 7.抽风机 8, 9, 10.温度传感器（可用温度计代替）

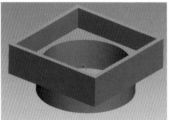

图 3-7 抽风机及其支架实物图

3. 供水及喷淋模块

①在供水源管道处需增设增压泵，以保证其有足够的压力；外部水龙头水管的直径根据增压泵的入口口径选择；厂房内部水管选用镀锌管，水管内径选用 15mm 为宜，不得超出 20mm。水管分为两个高度，最低一层的高度距离地面 3m，第二层距离地面 3.5m。如图 3-8 所示；水管需与墙面固定住。

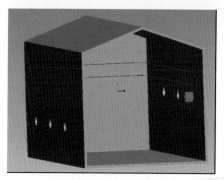

图 3-8 装配图

②水管需攻丝，水管与喷头的连接需再加一截水管，水管长度 150mm，该水管两端均需攻丝，都为外螺纹；其中一头的螺纹直径与水管螺纹直径相同，另一侧与喷头内螺纹直径相同。

③考虑到增压泵价格较高，需根据泵的尺寸，制作承装增压泵的箱体，以防雨、防盗。用水泥、砖等砌一个 50cm 高的台阶，在此基础上根据泵的尺寸（长×宽×高）108cm×40cm×40cm 筑一个凹形的箱体，在箱体下端需开小孔，以便在箱体中有水时能及时排出。上面可用盖子盖住，侧开门，加锁（注：泵在放进壳体中时最好在底部加两个木块支撑，避免与水直接接触，而导致泵体生锈）。

4. 供电模块 电路根据各机器的运转功率决定；走线方式一般是把线放在墙中间。

（五）注意事项

①使用前确保所有的雾化喷头均能喷出水，且需定期清洗喷头，方法自选；

②开水泵后，再开风机，同时关上卷帘门；

③喷头直径建议为 2mm；

④建议雾化喷淋与通风时间控制在 15 ～ 20min。

（六）技术依托单位

依托单位：南京农业大学

联系地址：江苏省南京市卫岗 1 号南京农业大学食品科技学院

邮政编码：210095

联系人：徐幸莲

联系电话：025-84395939

电子邮箱：xlxu@njau,edu.cn

（供稿人：肉鸡产业技术体系肉品加工与废弃物利用岗位专家）

七、超滤饮水技术

（一）技术名称

超滤饮水系统（技术）。

（二）适用范围

适应于利用江河或地下水作为饮水水源的养殖场。

（三）技术要点

安装水质净化杀菌设备，通过以下环节达到鸡群饮水符合农业部行业标准 NY 5027-2008 规定的水质要求（图 3-9）。

1. **水池静置**　将地下水或经粗滤的河水、湖泊水引入原水池进一步沉淀泥沙。

2. **石英砂过滤**　滤掉水中悬浮物、胶体、泥沙等较大的杂质。

3. **活性炭过滤**　利用颗粒活性炭进一步去除机械过滤器出水

中的残存的余氯、有机物、悬浮物的杂质，为后续的反渗透处理提供良好条件，并保证后续过滤器的安全高效的进行工作。

4. 保安盘过滤（又称精密过滤器） 在压力的作用下，使原液通过滤材，滤渣留在滤材上，滤液透过滤材流出，能有效去除水中杂质、沉淀物和悬浮物、细菌，从而达到过滤的目的。

5. 超滤 通过超滤膜分离技术除去细菌、铁锈、病毒等有害物质。

6. 臭氧净水池、紫外线杀菌 彻底杀灭细菌及微生物。

图 3-9 超滤饮水系统

（四）技术依托单位及联系方式

依托单位：湖北省农业科学院

联系地址：武汉市洪山区南湖瑶苑特 1 号

邮政编码：430064

联系人：申杰

联系电话：027-87380190

电子邮箱：15927657060@163.com

（供稿人：肉鸡产业技术体系武汉综合试验站）

八、病死鸡化尸窖无害化处理技术

（一）技术名称

病死鸡化尸窖无害化处理技术。

（二）适用范围

全国肉鸡养殖场。

（三）技术要点

1. 选址要求

①化尸窖选址应符合环保要求；

②乡镇、村的化尸窖选址既要不影响群众生活，又要方便于家禽尸体的运输和处置，要远离水源和公共场所等，避免二次污染；

③一般要求距离养殖场（小区）、种畜禽场、动物屠宰加工场所、动物隔离场所、动物诊疗场所、动物及动物产品集贸市场、生活饮用水源地3 000m以上；

④距离城镇居民区、文化教育科研等人口集中区域及公路、铁路等主要交通干线500m以上；

⑤养殖规模场（小区）原则要求建在本场内，要结合本场地形特点，宜建在风向的下端处。

2. 设计与建设要求　化尸窖设计见图3-10和图3-11，整体外观见图3-12。化尸窖采用砖和混凝土结构，并按密封要求施工，四周混凝土厚度不少于10cm，池底混凝土厚不少于30cm，保证

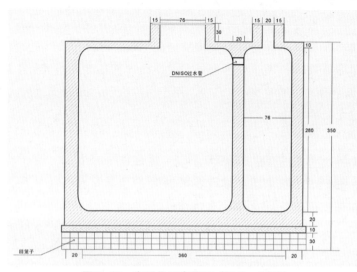

图 3-10 方形化尸窖剖面（单位：厘米）

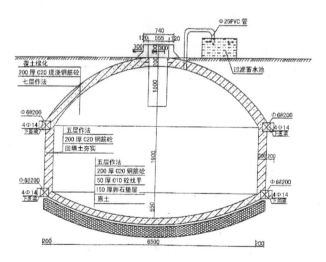

图 3-11 圆形化尸窖剖面（单位：毫米）

肉鸡养殖轻简化技术图册

窖不渗漏、进水和开裂；窖深 3m 左右；每个化尸窖分为 2～3 个小格，投置口（图 3–13）约为 80cm×80cm 大小，窖口密封，并加盖加锁，防偷盗和安全事故；在化尸窖内侧建废气处理池，通过水管接入，用于处理废气，或在化尸窖顶部设排气管 1 根，排气管插入处理池 50cm 以内，用于排除废气，减轻揭盖放入病死家禽时的臭味。

化尸窖容积应以所需化尸规模确定，但不能小于 10m³。规模家禽养殖场按照存栏在 5 000 羽以上建设容积 15m³ 以上化尸窖 1 口，存栏 20 000 羽以上建设容积 25m³ 以上化尸窖 1 口；重点生产村按照每存栏 10 万羽家禽建设容积 100m³ 以上化尸窖 1 口。

图 3–12　砖混结构化尸窖外观　　图 3–13　化尸窖尸体投放口和废气处理池注水口

3. 处理方法和步骤

（1）收集　包装由专业人员携带专用收集工具收集病害家禽尸体，使用防渗漏的一次性生物安全袋包装，系紧袋口，放入防渗漏的聚乙烯桶，密封运输。

（2）运输　运载工具应密封防漏，并张贴生物危险标志。运载车辆应尽量避免进入人口密集区，并防止遗洒。

（3）投放　投放前在化窖池底部铺撒一定量的生石灰或其他消毒液。有序投放，每放一定量都需铺撒适量的生石灰或其他消毒液。投放后，密封加盖加锁，并对化尸窖及周边环境进行喷洒消毒。

（4）消毒和防护　处置过程中，对污染的水域、土壤、用具和运载工具选择合适的消毒药消毒。用适当的药剂对人员进行消毒。

（5）维护与管理　当化尸窖内容物达到容积的3/4时，应封闭并停止使用。加强日常检查，每次处理完都要加盖加锁，发现破损及时处理。规模以上家禽养殖场自行负责管理，重点生产村由各镇（区）组织各村指定专人负责管理。

（6）记录　化尸窖应有专门的人员进行管理，并建立台账制度，应详细记录每次处理时间、处理病害家禽尸体的来源、种类、数量、可能死亡原因、消毒方法及操作人员等，台账记录至少要保存两年。

（四）注意事项

化尸窖所在位置应设立动物防疫警示标志，防止安全事故发生。
（供稿人：肉鸡产业技术体系岗位专家占秀安和海宁、上海综合试验站）

九、鸡舍内有害气体浓度控制技术

（一）技术名称

鸡舍内有害气体浓度控制技术。

（二）适用范围

标准化规模养殖肉鸡舍，一般指长120～150m、宽13～15m的鸡舍。

（三）技术简介

鸡舍内有害气体主要包括氨气、硫化氢、一氧化碳和二氧化碳。二氧化碳的主要来源是肉鸡呼吸作用、代谢产物和粪便等分解产生的，氨气主要是肉鸡代谢产生的含氮废物和未消化蛋白质分解产生的。硫化氢和一氧化碳为有害气体浓度控制的非主要矛盾，如果氨气和二氧化碳浓度控制合理，硫化氢和一氧化碳就不会造成显著的危害，除非加热锅炉产生的一氧化碳等有害气体释放到鸡舍中。

（四）技术要点

根据有害气体产生和分布的原理，制定适宜的控制技术措施。

1. 育雏前期（10日龄内） 以控制二氧化碳浓度为主。该时期肉鸡饲养限制在较小的范围内，呼吸作用产生大量的二氧化碳，而由于该期采食量少，代谢产生的含氮废物和粪便中未消化的蛋白质相对较少。因此，该时期有害气体控制的主要矛盾是确保二氧化碳的浓度不超标，既使在严寒的冬季，也要确保最小通风量，为肉鸡生长提供充足的新鲜空气。

2. 育雏中后期（11～28日龄） 以控制氨气浓度为主、二氧化碳浓度为辅。10日龄以后由于采食量迅速增加，代谢产物和粪便的排出量逐日迅速增加且累计效应显著，特别是冬季该阶段通风量小，造成舍内湿度往往偏高，加快了其分解速度，导致氨气浓度迅速升高。因此，该阶段应严密监测氨气浓度，如果浓度过高则应加大通风量，确保氨气浓度不超标。

3. 育肥期（29日龄至出栏） 以控制氨气浓度为主。该期虽然由于呼吸作用产生的二氧化碳远远高于育雏期，但该期通风量加大，二氧化碳浓度变为次要矛盾，而由于代谢废物、粪便的累积作用,特别是冬季通风量小、湿度过大的条件下,分解代谢加快,氨气浓度容易超标,控制氨气浓度成为首要目标。

（五）注意事项

1. **氨气监测探头的分布** 实际测定结果证实,从横截面来看,氨气浓度从净道端到污道端呈显著的累计效应;从纵截面来看,墙壁的风阻作用及空气流经路线设计等原因,造成鸡舍两侧的空气流动性差,氨气等有害气体浓度高于其他部位。因此,应注意检测鸡舍中后部两侧墙附近的有害气体浓度（图3-14）。

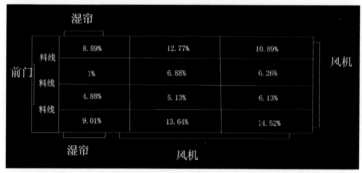

图3-14 某鸡舍不同部位病死鸡死亡率位置分布图

2. **适当降低舍内湿度可显著降低舍内氨气产生量** 目前,肉鸡舍控制空气相对湿度的标准为:1～10日龄为60%～70%,以后逐渐降低至50%～60%。实践表明,湿度是鸡舍内粪便等废弃物降解产生氨气的重要因素之一,舍内空气相对湿度控制在50%以下,可显著改善鸡舍环境质量。

（六）技术依托单位

依托单位:山东省农业科学院家禽研究所
联系地址:山东省济南市天桥区交校路1号
邮政编码:250023

联系人：曹顶国

联系电话：0531-85965926

电子邮箱：cdgjqs@163.com

（供稿人：肉鸡产业技术体系标准化规模养殖岗位专家　逯岩）

第四章 肉鸡养殖疾病防控技术

一、种鸡场生物安全管理要点

（一）技术名称

种鸡场生物安全管理要点。

（二）技术概述

养鸡是以"生物安全"为核心的系统工程，严格的生物安全措施是切断疾病传播的重要手段。生物安全管理就是要通过隔离、卫生和消毒措施，切断疾病传播途径，保护种鸡群不发生疾病。疾病传播途径包括水平传播和垂直传播两种方式，鸡群疾病净化就是要采取针对性措施，切断传播途径（图4-1）。

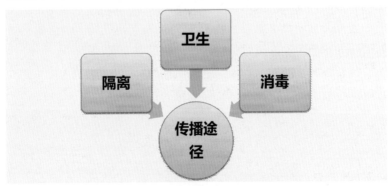

图4-1 种鸡场生物安全管理关键点

（三）技术要点

1. 生物安全措施——隔离 见图 4-2。

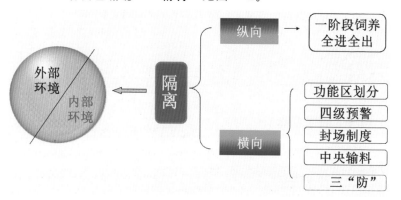

图 4-2 生物安全措施——隔离示意图

（1）封场制度 未经有权主管批准，任何外来人员都不能进入鸡场。

（2）场区员工采用集中休假制度 每月休假 1 次，员工休假返回鸡场需在生活区隔离 3 d，才能进入生产区。

（3）全自动中央输料系统 饲料运输车不进场区，避免不同养殖场的饲料运输车通过饲料厂造成的潜在交叉污染。

（4）三防 防鼠、防鸟、防杂草；防鼠——一堵，安装挡鼠板；二灭，投放鼠药；三监管，加强灭鼠管理。

在鸡场设置三道防鼠防线：

第一道防线：围墙每 50 m 放置 1 个鼠药盒；

第二道防线：鸡舍外四周每 30 m 放置 1 个鼠药盒；

第三道防线：挡鼠板及舍内两侧漏缝地板下每 25 m 放置 1 个鼠药盒，所有鸡舍均保持密闭。每月的 1 ~ 10 日按要求投放鼠药、并检查鼠药消耗情况。每个料塔上面及鸟喜欢栖落的地方放置假蛇或不同颜色的旗子，或者安装驱鸟器进行防鸟。

保持鸡舍全密闭，在进风口和湿帘外安装防尘罩。

消除场区内和鸡舍周围的杂草，可以在舍外地面铺设地膜来控制杂草生长。

2.生物安全措施——卫生 实施可视化管理；制定鸡舍卫生标准，每日实施清理，提高鸡场环境卫生标准。

3.生物安全措施——消毒 见图4-3。

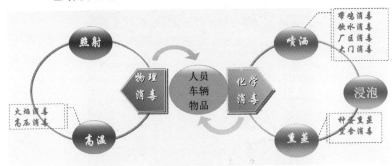

图4-3 生物安全措施——消毒示意图

（1）**进场人员管理** 人员进场必须换上本场雨鞋，通过消毒通道的消毒池，同时启动通道内消毒喷雾设备对人员进行喷雾消毒。人员进入生产区，须脱下生活区的衣物，通过更衣室的喷雾间消毒通道、按入场的程序要求进行洗澡。明确洗澡时间不少于5min，要用牙刷刷洗指甲缝隙，用洗鼻器清洗鼻孔。动保中心对洗澡效果不定期进行微生物学检测。

人员经消毒洗澡后，更换上生产区工作服、生产区用鞋，方可进入生产区。进入鸡舍时，需按要求在二次更衣室进行二次消毒、洗澡、更衣、换上鸡场内的靴子，脚踏鸡舍消毒盆，再进入鸡舍。鸡舍大门口设脚踏消毒盆，并用漆料划分污区和净区，舍内舍外雨鞋分开放置，保持隔离状态。

　　人员进入鸡舍需戴上帽子、口罩，脚踏消毒盆，75% 乙醇消毒双手，进鸡舍换鸡舍专用雨靴。

　　（2）人员出场消毒程序规定　　脚踏更衣室门前的消毒盆后进入更衣室，更衣、洗澡。洗澡时，必须用洗发液洗头发，用香皂洗身上。洗澡完毕换上生活区的工作服及鞋，脚踏更衣室门口的消毒盆后出更衣室，进入生活区（图 4-4）。

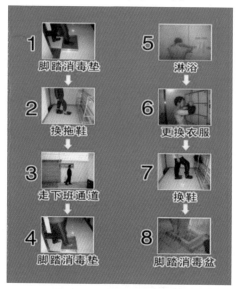

图 4-4　人员出场消毒程序

　　（3）车辆消毒

　　①外部车辆不进场，经过允许必须进入生活区的车辆，首先要在鸡场生活区大门口进行泡沫消毒或喷洒消毒，再到消毒门廊喷雾消毒，进入生活区。

　　②对于饲料运输车，每周要进行冲洗、甲醛与高锰酸钾熏蒸消毒，每月进行微生物学抽检。

　　（4）物品消毒　　进场的任何物品需经过严格的 20mim 3 倍量

熏蒸消毒，方可进出生产区；熏蒸柜带有报警器，熏蒸不到时间开启时会自动报警，以确保熏蒸时间。

（5）定期环境消毒　当遇到异常天气后（如大风、沙尘暴等），对场区进行全面消毒，消毒区域包括鸡舍周围、通风口、排风扇、主干路全面消毒。

（6）死淘鸡处理　主动清理和淘汰弱鸡，对淘汰的鸡只进行浸泡消毒，然后投入无害化处理池进行无害化处理。

（7）空舍期消毒　见图4-5。

①先进行物理清理、清扫和冲洗消毒，然后进行火焰消毒，最后进行熏蒸消毒。

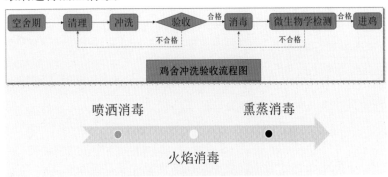

图4-5　鸡舍冲洗验收流程图

②对可拆卸的饲养设备，进行浸泡、刷洗；对鸡舍配电箱，先用吹风机吹干净，再用棉签蘸取消毒液擦拭。

③每一个阶段冲洗结束后由鸡场人员、冲洗组、动保中心进行联合检查，验收合格后进行下一阶段的冲洗工作。

④当鸡舍全部冲洗工作结束后由动保中心对鸡舍空气、墙壁、垫料、水质、育雏设备进行采样，经过化验室检测，所有微生物项目检验合格后，才能进鸡。

（四）技术依托单位

联系人：肖凡

联系电话：13581790829

电子邮箱：xiaofan@cpbpbc.com

（供稿人：北京综合试验站肖凡）

二、不同生长速度黄羽肉鸡免疫程序

（一）技术名称

不同生长速度黄羽肉鸡免疫程序。

（二）适用范围

针对快大型、中速、慢速型黄羽肉鸡禽流感、新城疫、传染性支气管炎及传染性法氏囊病的免疫程序。

（三）技术要点

不同生长速度黄羽肉鸡免疫程序见表4-1，表4-2。

表4-1 快大型黄羽肉鸡针对禽流感、新城疫、传染性支气管炎及传染性法氏囊病的免疫程序

龄 期(d)	接种的疫苗	接种途径	备 注
1	新城疫＋传染性支气管炎二联弱毒疫苗	滴眼鼻或气雾	
5	新城疫＋禽流感（H9）二联灭活疫苗	皮下或肌内注射	H5亚型禽流感选择包含主要流行毒株的多价疫苗
	H5亚型禽流感灭活疫苗		
8～20	传染性法氏囊病弱毒疫苗	饮水或滴口	
10	新城疫＋传染性支气管炎二联弱毒疫苗	滴眼鼻或气雾	

续表 4-1

龄　期(d)	接种的疫苗	接种途径	备　注
20 ~ 30	①新城疫（4 系或克隆 30）弱毒疫苗	滴眼鼻或气雾	
	②新城疫（4 系或克隆 30）弱毒疫苗	肌内注射	剂量：3 ~ 5 羽份

表 4-2　中速、慢速型黄羽肉鸡针对禽流感、新城疫、
传染性支气管炎及传染性法氏囊病的免疫程序

龄　期	接种的疫苗	接种途径	备　注
1	①马立克氏病疫苗（CVI ~ 988+HVT）	皮下或肌内注射	
	②新城疫 + 传染性支气管炎二联弱毒疫苗	滴眼鼻或气雾	
	③鸡痘	皮肤刺种	
8 ~ 20	传染性法氏囊病弱毒疫苗	饮水或滴口	
10 ~ 15	新城疫 + 传染性支气管炎二联弱毒疫苗	滴眼鼻或气雾	H5 亚型禽流感选择包含主要流行毒株的多价疫苗
	新城疫 + 禽流感（H9）二联灭活疫苗	皮下或肌内注射	
	H5 亚型禽流感灭活疫苗		
20 ~ 25	新城疫 + 传染性支气管炎二联弱毒疫苗	滴眼鼻或气雾	
26 ~ 30	传染性喉气管炎弱毒疫苗	滴　眼	
30 ~ 35	新城疫（4 系或克隆 30）弱毒疫苗	滴眼鼻或气雾	H5 亚型禽流感选择包含主要流行毒株的多价疫苗
	新城疫 + 禽流感（H9）二联灭活疫苗	皮下或肌内注射	
	H5 亚型禽流感灭活疫苗		
60 ~ 65 日	新城疫（4 系或克隆 30）弱毒疫苗	滴眼鼻或气雾	针对慢速型黄羽肉鸡
	新城疫 + 禽流感（H9）二联灭活疫苗	皮下或肌内注射	
	H5 亚型禽流感灭活疫苗		

（四）注意事项

1. 免疫操作规范。

2. 不用疫苗株免疫效果不同，使用时要进行评估。

3. 免疫后进行效果监测与评估，如果不能满足实际要求及时

调整免疫程序。

（供稿人：肉鸡产业技术体系岗位专家　廖明）

三、合理使用抗菌药物技术

（一）技术名称

合理使用抗菌药物技术。

（二）技术概述

为预防和治疗规模化肉鸡场主要细菌性疾病制定的合理使用抗菌药物技术，包括选用合格的兽药产品、合理使用抗菌药物、用药记录，推动规模化肉鸡场科学、高效、安全地使用抗菌药物理念，有效地控制肉鸡细菌性疫病，提高养殖效益，以减少因抗菌药物过度使用导致的动物机体降低或抑制免疫反应、鸡产品中药物残留、细菌耐药性、环境污染等严重危害食品安全及公共卫生安全问题。

（三）增产增效情况

解决养鸡场因滥用抗菌药物引起肉鸡普遍性降低或抑制免疫反应，导致疫苗免疫失败，家禽群整体应答抗体水平低于正常或预期水平，达不到应有免疫效果或免疫保护期限；对病原菌易感性增强，经常发生支原体、大肠杆菌，非典型新城疫等感染或继发感染、混合感染，而导致无法控制，往往被冠名为"顽固性……细菌病"，从而不得不长期使用抗生素的恶性循环，加大了动物疾病防治的难度。同时，还可有效控制鸡产品中药物残留量、减少细菌耐药性及环境污染等问题。

（四）技术要点

1. 选用合格的兽药产品

（1）标志标识 药品上有"兽用"标志的兽药。

（2）是否禁用 非国家禁止的兽药。

（3）经过 GMP 认证的兽药 没有经过 GMP 认证的企业是不能生产兽药的；兽药包装上必须有农业部发给的批准文号；进口兽药有农业部发给的进口兽药许可证；标签或说明书上必须注明商标、兽药名称、规格、企业名称和地址、产品批号；写明兽药的主要成分、含量、作用、用途、用法、用量、有效期和注意事项等；如果上述内容标注不全，则是假冒伪劣兽药。

（4）药品的外观、性状良好粉针剂药品不能有粘瓶、变色、结块、变质等；散剂（预混剂）药品应干燥、疏松、颗粒均匀、色泽一致，无吸潮结块、霉变、发黏等；水针剂药品外观药液必须澄清、无浑浊、变色、结晶、生菌等现象；中药材药品应无吸潮、霉变、虫蛀、鼠咬等。

2. 合理使用抗菌药物 生产中抗菌药物主要用作促生长饲料添加剂、抗菌饲料添加剂、抗球虫饲料添加剂及治疗细菌病药物。

（1）交替使用不同的抗菌药物 同一养殖场 2～3 种抗生素类饲料添加剂或治疗用抗菌药物，每 6 个月交替使用，减少细菌耐药性的产生。避免长期随意应用多种抗菌药物预防，杀灭大部分有益菌群致使禽的消化道、呼吸道免疫功能紊乱，全身性免疫功能失调，同时大部分耐药菌株乘虚而入引起感染；禽产品药物残留。

（2）使用敏感抗菌药物 对治疗用抗菌药物，应先进行病原菌体外药敏试验，再筛选敏感药物治疗；避免细菌耐药引起的无效治疗或疗效不佳。

（3）加强休药期管理　防止残留对受限制使用的抗菌药物应严格执行使用剂量和休药期规定,防止"药残"超标造成安全隐患。

（4）制定合理的治疗给药方案、给药方式

①使用合适的给药方式　肉鸡个体小、数量大,一般采用饮水、混饲方式给药。

②使用合适的剂量　任何药品只有在合适的剂量范围内,才能有效地防治疾病。剂量过小起不了治疗作用,剂量太大会造成浪费,甚至会引起中毒等。

③充分考虑药物的疗程　用药疗程不足会造成产生耐药菌株或疾病复发,疗程过长浪费药物,加大成本,还会引起药物残留,危害食品安全。

④考虑药物的相互作用　在使用兽药时,应充分发挥不同药物间的协同作用,避免拮抗作用,注意配伍禁忌。例如,磺胺类药物与磺胺增效剂联合使用,其抗菌作用更强;如磺胺类药与青霉素合用,会降低青霉素的效果。

3.用药记录　建立完整的可追溯用药记录,包括药物饲料添加剂:使用时间、动物信息、使用人签字等;使用治疗药物:时间、动物信息、细菌病诊断信息、治疗药物信息、药物使用方法、药物使用剂量、使用人签字等。所有记录在肉鸡出栏后应保存2年以上。

（五）适宜区域

适宜于全国各地规模化养鸡场。

（六）注意事项

①采用饮水、混饲方式给药时,注意将药物混入少量的饮水或饲料中,混合均匀,给药前先禁饮水或禁喂料2h。

②给鸡接种疫苗的前、后3d之内,应禁用抗菌药物。因疾

病必须使用时，应于康复后重复接种疫苗 1 次。

③良好的饲养环境可减少鸡细菌性疫病的发生，所以应加强饲养管理及生物安全管理。

（七）技术依托单位

依托单位：湖北省农业科学院

联系地址：武汉市洪山区南湖瑶苑 1 号

邮政编码：430064

联系人：邵华斌

联系电话：13907198649

电子邮箱：shhb1961@163.com

四、"0 日龄"免疫技术

（一）技术名称

"0 日龄"免疫技术。

（二）适用范围

集约化、规模化商品肉鸡饲养。

（三）技术要点

随着肉鸡养殖集约化的进展，免疫接种仍是对鸡新城疫、传染性法氏囊病等传染性疾病的主要控制手段。尤其对经济性状的影响具有重要的意义。

肉鸡养殖集约化程度高，群体大，由于疫情的压力群体免疫效果差；个体免疫操作难度大，同时构成严重的免疫应激，诱发呼吸道病和对生长造成影响，研究论证 1 日龄孵化场集中免疫，

对鸡应激小，便于工厂化操作，免疫确实。

1. 新城疫疫苗　新城疫疫苗选择，由于雏鸡高的母源抗体的影响和1日龄雏鸡免疫器官不成熟，1日龄雏鸡受免疫剂量的限制等因素，通常1日龄免疫和7日龄免疫的效果有差异，一般现场提倡7日龄免疫的多。适合1日龄免疫的疫苗也有差异，首先在隔离器中对新城疫灭活苗进行筛选，选用高倍浓缩的优质新城疫灭活苗，来用于1日龄免疫。

选择A\B\C3种不同来源的疫苗，随机分组分别用于0、7日龄免疫（表4-3，图4-6）。

表4-3　3种不同来源疫苗免疫情况

组　别	免疫疫苗	免疫日龄	剂　量	采血时间	鸡只数量
试验组A	A苗	0日龄			
试验组B	B苗	0日龄			
试验组C	C苗	0日龄	0.2mL/只	21日龄、25日龄、30日龄、35日龄采血检测ND、IBD抗体	每组各5只
试验组D	A苗	7日龄			
试验组E	B苗	7日龄			
试验组F	C苗	7日龄			
对照组	不做免疫				

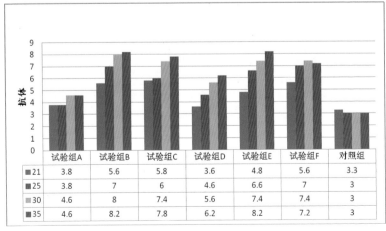

	试验组A	试验组B	试验组C	试验组D	试验组E	试验组F	对照组
21	3.8	5.6	5.8	3.6	4.8	5.6	3.3
25	3.8	7	6	4.6	6.6	7	3
30	4.6	8	7.4	5.6	7.4	7.4	3
35	4.6	8.2	7.8	6.2	8.2	7.2	3

图4-6　新城疫疫苗免疫后抗体结果

尽管 3 组疫苗都是保健品公司特制的，效果优于普通市场疫苗的实验疫苗，但 A 组明显不适合 1 日龄注射。

2. 法氏囊疫苗　法氏囊疫苗的选择，目前肉鸡普遍的雏鸡高母源抗体，IBD 现场免疫时机的检测和疫苗毒力的选择具有现实意义，中等偏强毒力疫苗带来不同程度的免疫抑制和法氏囊萎缩的临床问题，并且普遍认为会诱发呼吸道病的问题，低毒力疫苗受母源抗体的干扰影响免疫效果，选择合适的疫苗和合适的免疫方法对于控制法氏囊病和诱发的免疫抑制，对经济性状的影响具有重要的意义。

选择传统的中等偏强毒力疫苗和抗原抗体复合疫苗如诗华公司提供的囊胚宝疫苗，随机对 6 栋每栋 17 000 只肉鸡进行现场免疫，其中 3 栋孵化场做 1 日龄注射囊胚宝，另 3 栋于 13 日龄现场饮水免疫，跟踪法氏囊和抗体的变化（表 4-4，表 4-5。图 4-7，图 4-8）。

表 4-4　"1 日龄"免疫后体重和法氏囊重量的变化（单位：g）

场名	组别	1 周龄		2 周龄		3 周龄		4 周龄		5 周龄		6 周龄	
		体重	法氏囊重	体重	法氏囊重	体重	法氏囊重	体重	法氏囊重	体重	法氏囊重	体重	法氏囊重
稻庄	囊胚宝	190	0.22	452	0.9	876	2.35	1470	3.47	1950	2.89	2446	1.09
	MB	136	0.29	343	1.02	661	1.48	1080	1.42	1590	1.23	2135	0.88
裴屯	囊胚宝	131	0.22	311	1.01	715.5	2.28	1130	3.17	1930	1.6	2157	1.61
	MB	123	0.28	318	0.78	732.13	1.37	1130	1.35	1720	1.27	2085	1.3

表 4-5 "1 日龄"注射囊胚宝以后的抗体变化

项 目	13 日龄对照组	28 日龄对照组	28 日龄实验组	40 日龄对照组	40 日龄实验组
	431	752	74	3517	4382
	525	2112	130	3093	2962
	188	556	1050	2166	3424
	231	2927	130	3517	2166
	934	556	158	4895	4514
	983	2744	174	4116	3054
	292	158	174	3798	4287
抗体滴度	321	462	983	4704	3946
	321	2579	158	3740	2201
	446	510	188	2166	2506
	1170	686	188	3332	3001
	1375	431	130	2023	2635
	621	637	574	4553	4022
	1256	1618	174	3054	/
	510	292	231	3296	/
	321	2291	130	2129	/
平均值	620	1207	290	3381	3315
变异系数 %	0.63	1.07	1.05	0.27	0.25
阳性率 %	63	88	19	100	100

囊胚宝比传统疫苗有相近的抗体水平，尽管仍有法氏囊的萎缩，但推迟到了 5 周龄以后。

3. 注射器的选择 对 3 公司提供的 1 日龄注射器进行试验，选择一针同时注射 2 种疫苗的注射器，鸡群应激小且不漏针，操作简单（图 4-9，图 4-10）。

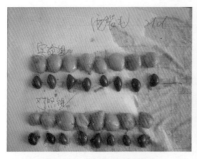

图4-7　法氏囊的变化

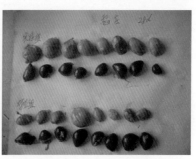

图4-8　法氏囊的变化

图4-9　某种2针注射器免疫效果

图4-10　选用1针可免疫2种疫苗的注射器免疫效果

（四）注意事项

本试验站还对1日龄免疫对免疫抑制的观察和对欧效指数的影响同时进行了研究，随后交流。

（供稿人：肉鸡产业技术体系鹤壁综合试验站）

五、禽白血病净化技术

（一）技术名称

禽白血病净化技术。

（二）技术概述

禽白血病是危害我国养禽业的一种病毒性肿瘤病。A、B 亚型的禽白血病病毒（ALV）主要感染蛋鸡，A 亚型诱发鸡的淋巴细胞白血病。J 亚型是从肉鸡中分离出来的一个新的囊膜亚群，能诱导鸡产生骨髓细胞瘤病。2008 年开始，我国暴发了禽白血病，给养鸡业造成了重大的经济损失。在国家中长期动物疫病防治规划（2012-2020）中，禽白血病被列为优先防治的动物疫病。

由于禽白血病没有可用的疫苗和有效的治疗措施，主要依靠净化种鸡群的办法来控制和清除 ALV。结合我国鸡群养殖特点，吸取国外鸡群成功净化的经验，确定了禽白血病净化技术方案，研制了配套的检测试剂盒，针对不同日龄鸡群确定了具体的检测时间、检测方法、样品采集数量及保存方法、阳性鸡处理方法及净化周期等；确定对评价鸡群抽样比例及检测方法、不同时期（育雏期、青年鸡、开产期以及产蛋中后期）鸡群净化达到的技术指标，最终建立了一套适合我国种禽场禽白血病净化技术体系。

（三）增产增效

近几年来，禽白血病在我国鸡群中广泛流行，造成的经济损失也越来越大，还不断引发养鸡企业间经济纠纷，以至成为威胁我国养鸡业的严重问题。净化技术体系的建立，配套检测试剂盒的研制，为大型养殖企业开展了禽白血病的净化工作提供了技术指导和检测手段，加之配套检测试剂盒价格较国外外同类试剂盒低廉，显著降低养殖企业的净化成本，也提高了养殖企业开展净化工作的积极性。经过几年的净化工作，目前我国禽白血病的发生得到了有效的控制，提高了我国本地鸡种育种水平，促进了养禽业的健康发展。

（四）技术要点

通过对净化技术方案（采样时间、样品种类、检测方法、评价方法）的优化，形成了一套切实可行的禽白血病净化技术方案（表4-6）。该方案的特点是：①将一个世代的检测次数由国外推荐的6～8次降低到4次，尽量降低了养殖户的检测成本；②开产后主要检测蛋清，克服了肛拭子的高假阳性率。

该净化技术方案在江苏、广西等省（自治区）的养殖场进行了推广示范，取得了良好的效果。例如，利用该净化技术方案对江苏省的一个保种中心进行了两轮的净化，禽白血病阳性率已由初期的30%降低到了2%以下，效果显著。

表4-6 禽白血病净化技术方案

日 龄	样 品	检测方法	采样范围
1d	胎 粪	p27.ELISA	全 群
10～15 周龄	肛拭子	病毒分离	全 群
24～26 周龄	母鸡初产蛋蛋清 公鸡血清	病毒分离	全 群
32～36 周龄	蛋清 公鸡血清	病毒分离	全 群

（五）适宜区域

适宜于大型养殖场、保种场等需要开展禽白血病净化的养禽场。

（六）注意事项

①需按照净化程序采样检测，种鸡编号一一对应。

②阳性鸡必须及时淘汰。

③蛋清检测时，每只母鸡需采集2～3枚种蛋进行检测。

④留种孵化时采用小群孵化可有效降低水平传播。

（七）技术依托单位

依托单位：中国农业科学院哈尔滨兽医研究所
联系地址：黑龙江省哈尔滨市马端街 427 号
邮政编码：150001
联系人：王笑梅，高玉龙
联系电话：18946066078
电子邮箱：xmw@hvri.ac.cn；ylgao8@163.com

六、禽肺病毒病综合防控技术

（一）疫病名称

禽肺病毒病。

（二）疫病特征

禽肺病毒（Avianpneumovirus，APV）又称火鸡鼻气管炎病毒（Turkyrhinotracheitsvirus，TRTV），为多形态有囊膜的 RNA 病毒，无血凝和神经氨酸酶特性，属于副黏病毒科肺病毒亚科肺病毒属。可分为 A、B、C、D4 个亚型，在我国感染鸡只的 C 亚型禽肺病毒目前危害最大，可引起鸡、火鸡、雉鸡、珍珠鸡发病，在野生鸟类中也可检测到抗体。禽肺病毒病的暴发具有明显的季节性，常发生在候鸟迁徙的春季和秋季。鸡只感染 APV 主要表现为肿头、咳嗽、喷嚏、鼻腔产生分泌物、泡沫结膜炎、眶下窦肿胀及产蛋下降等，是诱发鸡肿头综合征（Swollenheadsyndrome，SHS）的主要病原（图 4-11，图 4-12）。禽偏肺病毒可以通过黏液、鼻液等成分传播病毒，鸡只间直接接触可发生病毒的传播感染。人员、设备、饲料车的转移，污染的水源，感染病毒的野鸟、空气传播或垂直传播都是可能的传播因素。

图 4-11　禽肺病毒病鸡特征　　　　图 4-12　禽肺病毒病鸡特征

（三）疫病诊断

该病没有特征性的临床表现和病变，常与支原体、禽波氏杆菌、鸡传染性鼻炎、禽传染性支气管炎病毒和禽流感等呼吸道疫病及产蛋下降综合征相互混淆，必须借助实验室诊断才能确诊。

血清学是禽肺病毒感染诊断最常用的方法。目前，有 IDEXX 公司商品化试剂盒出售，该试剂盒科研检测 ABC 3 种亚型禽肺病毒感染血清抗体，而鉴别亚型可通过 PCR 方法完成。

（四）疫病预防及治疗

我国没有禽肺病毒疫苗生产企业，国外疫苗也未能取得合法进口销售资格，且国外针对鸡只 A、B 亚型的疫苗无法保护 C 亚型感染鸡只。目前禽肺病毒感染无法进行疫苗免疫保护，相关的疫苗研制工作正在进行中。

肉鸡感染禽肺病毒后常引起大肠杆菌、支原体等的继发感染，大大增加了发病率和死亡率。一旦鸡群发生禽肺病毒感染，应根据耐药性检测，选用适当的抗生素控制继发感染及发病程度。

（五）疫病综合防控技术

要预防控制禽肺病毒感染就要改变落后的养殖观念，强调"养重于防，防重于治，防治结合"的理念，不能依靠药物治疗，要加强日常的饲养管理，重视生物安全工作。

1. 场址的选择要合理　要选择地势较高，远离污染源，有丰富清洁水源的地点作为养殖场。养殖密度不宜过大，场内布局要合理，严格区分准备区、生产区和生活区，污道和净道要分开。禽肺病毒可通过野鸟及啮齿类动物机械传播病毒，所以鸡舍内部要防鼠、防鸟。

2. 消毒措施要完善　禽肺病毒既可以通过接触传播也可以通过空气传播，消毒是疾病防控的基础步骤。消毒对象应包括空鸡舍、空气、饮水、人员、器具、环境。消毒药种类为季铵盐类、乙醇、碘制剂、酚类和次氯酸钠等。带鸡消毒是一种值得推广的方法。注意定期更换消毒药种类，以防降低消毒效果。禽肺病毒感染造成的损失很大程度上取决于是否存在混合感染和继发感染，加强消毒工作对于防控其他疫病也起到了积极的作用。

3. 适宜的温、湿度管理　北方鸡舍应保持通风换气，降低有害气体浓度，减少诱发呼吸道疾病因素。南方夏季温、湿度均较高，易引起条件性致病微生物发病。控制适宜的温、湿度，减少鸡只呼吸道刺激，可有效降低呼吸道疫病发生的概率。

4. 严格的饲养管理制度　保证饲养器具专舍专用，工作人员应更衣更鞋后再进入养鸡生产区，避免机械传播禽肺病毒。保证养殖场内全进全出，不混养不同日龄、不同来源鸡只。及时清理粪便，生产污水要进行无害化处理；及时淘汰弱雏和病鸡，病死鸡要焚烧或加入生石灰深埋，以保证环境卫生，保证全群健康。

5. 选择健康的雏鸡　肉种鸡群的健康状态直接关系到商品代

肉鸡的疾病防治。垂直传播疾病很多可以导致免疫抑制，使鸡群处于不健康的状态，导致感染禽肺病毒后产生严重的继发感染，增加死淘率。

6. 提高鸡只自身免疫力 提供充足清洁饮水和优质全价饲料，确保鸡群营养水平，促进肉鸡健康快速生长，提升鸡群免疫力。

7. 感染预后 鸡群一旦感染禽肺病毒，控制继发感染降低损失的关键，应在发病场内进行药敏试验，要控制剂量和疗程，选择合适的药物。同时，添加维生素等辅助性药物帮助鸡群尽快恢复。单纯的禽肺病毒感染一般在 2～3 周可以康复。

（供稿人：肉鸡产业技术体系疾病控制实验室岗位专家 刘爵）

七、禽白血病病毒 ELISA 抗原检测试剂盒

（一）技术名称

禽白血病病毒 ELISA 抗原检测试剂盒。

（二）技术概述

禽白血病病毒（ALV）根据致病性和宿主的不同，分为 A～J10 个亚群。p27 为 ALV 衣壳蛋白，在各亚群中高度保守，是 ALV 重要的群特异性抗原，是禽白血病净化过程中重要的检测抗原。禽白血病病毒 ELISA 抗原检测试剂盒就是利用抗 p27 蛋白单克隆抗体研制而成的。由于包被抗体和检测抗体均使用了抗 p27 蛋白单克隆抗体，保证了试剂盒的敏感性和特异性。同时研制了高效的防腐剂和酶标抗体保护剂配方，使试剂盒具有良好的稳定性。目前，该试剂盒已用于禽白血病病毒检测和种群场的禽白血病净化工作，取得了良好的效果（图 4-13）。

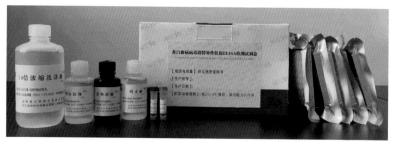

图 4-13 禽白血病病毒 ELISA 抗原检测试剂盒

（三）增产增效情况

该试剂盒年生产量为 3 000 盒，可满足国内种禽场禽白血病净化需要。相对进口试剂盒，该试剂盒成本大幅降低，减轻了养殖企业的经济负担，促进养殖企业主动开展禽白血病的净化工作，大幅降低由禽白血病引起的经济损失，促进了农民增收。

（四）技术要点

酶联免疫吸附试验（ELISA）是将特异性的抗原（或抗体）包被于固相板孔中，用于检测目标抗体（或抗原），结合酶标抗体，用洗涤法将液相中的游离成分洗涤，最后通过酶作用于底物后显色来判断结果。在对病毒进行直接、客观、大规模、敏感和简便的检测方法中，双抗体夹心 ELISA 方法应用最为广泛。该试剂盒，使用抗禽白血病病毒群特异性抗原的单克隆抗体包被酶联反应板制备抗体包被板，利用单克隆抗体制备酶标抗体，结合底物溶液和终止液，建立和开发了检测禽白血病病毒群特异性抗原 p27 蛋白的 ELISA 检测试剂盒。该试剂盒敏感性高；对新城疫病毒、禽流感病毒、鸡马立克氏病病毒、禽网状内皮组织增生症病毒等的检测结果均为阴性，特异性良好；批次间和批次内重复性好；该试剂盒保存期为 9 个月。与进口试剂盒同时对临床样品进行检测的结果显示，两种试剂盒的符合率达到 88% 以上，各项性能均达到了进口同类商品试剂盒水平。

（五）适宜区域

该产品立足国内市场，具有独立自主知识产权。适用于种禽场禽白血病流行病学调查、种群净化。

（六）注意事项

1. 本品仅供体外检测使用。

2. 不同批号的试剂盒的试剂组分不能混用，不同试剂使用时应防止交叉污染。

3. 试剂盒中各种液体试剂使用前应充分摇匀，平衡至室温。

4. 稀释 10 倍浓缩洗涤液时，如有结晶，置 37℃ 下使其溶解后再使用，不影响试剂盒的检测效果。

5. 勿将底物溶液暴露于强光下。

（七）技术依托单位

联系地址：黑龙江省哈尔滨市南岗区马端街 427 号

邮政编码：150001

联系人：王笑梅，高玉龙

联系电话：0451-51051691

电子邮箱：xmw@hvri.ac.cn；ylgao8@163.com

八、禽流感、新城疫重组二联活疫苗

（一）产品名称

禽流感 - 新城疫重组二联活疫苗（rLH5-6 株，图 4-14）（农业部公告第 1735 号）；

禽流感－新城疫重组二联活疫苗（rLH5-8 株）（农业部公告第 2174 号）。

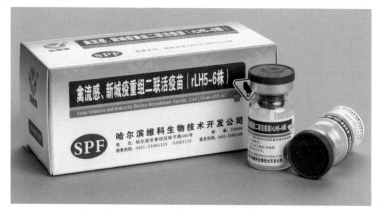

图 4-14 禽流感－新城疫重组二联活疫苗（rLH5-6 株）

（二）特征特性

禽流感－新城疫重组二联活疫苗于 2005 年获得国家一类新兽药证书，随着 H5 亚型禽流感病毒血凝素（HA）基因序列及抗原性的变化，在必要时进行疫苗种毒的更新而研制出新的产品（农业部只发布公告不再发新兽药证书）。禽流感－新城疫重组二联活疫苗是国际上首次研制成功并投入生产应用的 RNA 病毒活载体疫苗，首次实现了一种活病毒疫苗能同时有效预防 H5 亚型禽流感和新城疫这两种禽类烈性传染病。与禽流感灭活疫苗相比，该疫苗具有安全有效、使用方便、成本低廉、局部无佐剂残留等突出优点。该疫苗能产生体液免疫、细胞免疫和黏膜免疫，不仅免疫反应更全面，而且对不同毒株的交叉免疫保护效果好于相应毒株的灭活疫苗。

（三）适用范围

用于预防鸡的 H5 亚型禽流感和新城疫。禽流感－新城疫重组二联活疫苗（rLH5-6）于 2012 年通过新兽药评审并开始应用，用于预防当前流行的 2.3.2 分支 H5 亚型禽流感病毒引起的禽流感。禽流感－新城疫重组二联活疫苗（rLH5-8）于 2014 年通过新兽药评审，用于近两年开始流行的 2.3.4.4 分支（又称类 2.3.4 分支）H5 亚型禽流感病毒引起的禽流感。这两个产品当前均可在全国范围内应用。

（四）技术要点

禽流感－新城疫重组二联活疫苗是采用国内外广泛应用的新城疫 LaSota 弱毒疫苗株为载体，通过反向遗传操作技术，插入禽流感病毒分离株保护性抗原 HA 基因，构建出禽流感新城疫重组病毒研制而成。使用时可参照大家比较熟悉的鸡新城疫弱毒活疫苗的使用方法，也可以部分取代鸡新城疫弱毒活疫苗，使免疫鸡同时获得禽流感和新城疫的免疫预防。

我国 H5 亚型禽流感病毒 HA 基因分为多个进化分支，抗原性差别较大的不同分支间毒株疫苗的疫苗不能获得完全的交叉免疫保护，不同地区以及不同时间流行的毒株不尽相同，养禽者需根据 H5 亚型禽流感的流行情况，有针对性地选择禽流感－新城疫重组二联活疫苗（rLH5-6）或禽流感－新城疫重组二联活疫苗（rLH5-8）进行免疫。

该疫苗可以单独用于生长期较短的商品肉鸡，同时预防 H5 亚型禽流感和新城疫（一般建议免疫 2 次），也可以与 H5 亚型禽流感灭活疫苗配合使用用于商品肉鸡、肉种鸡和蛋鸡的免疫预防。配合使用时可参照重组禽流感病毒灭活疫苗的使用方法。

该疫苗可以采用滴鼻、点眼、肌内注射、喷雾或饮水多种途径免疫。首免建议用点眼、滴鼻或肌内注射，按瓶签注明的羽份，用生理盐水、去离子水、白开水或其他稀释液适当稀释。每只鸡点眼、滴鼻接种 0.05mL（含 1 羽份）或腿部肌内注射 0.2mL（含 1 羽份）。加强免疫如采用饮水免疫途径，剂量应加倍。

推荐的免疫程序：新城疫母源血凝抑制（HI）抗体滴度降至 1∶16 以下或 2 ～ 3 周龄时首免（肉雏鸡可提前至 10 ～ 14d），首免 3 周后加强免疫；以后每隔 8 ～ 10 周或新城疫 HI 抗体滴度降至 1∶16 以下，肌内注射、点眼或饮水加强免疫 1 次。

注意事项：①保存与运输时应低温、避光；疫苗稀释后，放冷暗处，应在 2h 内用完，且不能与任何消毒剂接触；剩余的稀释疫苗消毒后废弃。②滴鼻、点眼免疫时应确保足够 1 羽份疫苗液被吸收；肌内注射免疫应采用 7 号以下规格针头，以免回针时液体流出；饮水免疫时，忌用金属容器，饮用前应至少停水 4h。③被免疫雏鸡应处于健康状态。如不能确保上呼吸道及消化道黏膜无其他病原感染或炎症反应，应在滴鼻、点眼免疫同时采用肌内注射免疫，每只鸡接种总量为 1 羽份。④本疫苗接种之前及接种后 2 周内，应绝对避免其他任何形式新城疫疫苗的使用；与鸡传染性法氏囊病、传染性支气管炎等其他活疫苗的使用应相隔 5 ～ 7d，以免影响免疫效果。

（五）技术依托单位

单位名称：中国农业科学院哈尔滨兽医研究所

联系人：田国彬

联系电话：18946066084

（供稿人：肉鸡产业技术体系禽流感防控岗位专家　田国彬）

九、禽流感病毒 H5 亚型二价灭活疫苗

（一）产品名称

禽流感病毒 H5 亚型二价灭活疫苗（Re-6 株 +Re-7 株，图 4-15）（农业部公告第 2093 号）。

（二）特征特性

本产品可同时预防 H5 亚型 2.3.2 分支和 7.2 分支禽流感病毒引起的禽流感，与分别免疫单价疫苗相比可节约人力、降低疫苗使用成本，同时能减少因抓鸡、免疫等造成的应激反应，是我国北方地区预防禽流感的首选疫苗。对鸡和水禽等多种禽类均有良好的免疫效果。

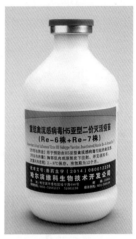

图 4-15 禽流感病毒 H5 亚型二价灭活疫苗（Re-6 株 +Re-7 株）

（三）适用范围

用于预防由 H5 亚型禽流感病毒引起的禽流感。该疫苗应用的地域范围同重组禽流感病毒灭活疫苗（H5N1 亚型，Re-7 株）一样，应在农业部规定的范围内使用，目前主要是用于分离出 7.2 分支 H5 亚型禽流感病毒的北方地区。

（四）技术要点

2.3.2 分支和 7.2 分支 H5 亚型禽流感病毒是我国北方地区流行的 2 类 H5 亚型禽流感病毒。7.2 分支 H5 亚型禽流感疫情

最早暴发于 2006 年，当时研制出 Re-4 株 H5 亚型禽流感灭活疫苗，有效地控制了疫情的蔓延；一直到 2012 年，Re-4 株疫苗对 7.2 分支病毒均能起到良好的免疫保护作用。2013 年底和 2014 年初，我国北方地区出现了由 7.2 分支 H5 亚型禽流感病毒引起的禽流感，尤其是河北等地的鸡发生了 H5N2 亚型高致病性禽流感疫情，造成了比较严重的经济损失。研究表明，Re-4 株疫苗对这类病毒攻击的免疫保护率只能达到 50% 左右，因此我们研制出针对 7.2 分支的 Re-7 株疫苗替代 Re-4 株疫苗。禽流感病毒 H5 亚型二价灭活疫苗（Re-6 株 +Re-7 株）于 2014 年通过新兽药评审并开始全面应用，一年多来取得了明显的效果，突出表现在我国北方地区流行的 H5 亚型 7.2 分支病毒显著减少，家禽健康状况良好。

本产品为油乳剂灭活疫苗，只能采用注射免疫，主要为肌内注射或颈部皮下注射。一般雏鸡因肌肉较少而常选择颈部皮下免疫注射；另外，皮下注射对家禽造成的应激小，有时也用于注射蛋鸡而减少对生产性能的影响；皮下注射的部位一般选取颈后部下 1/3 处。肌内注射有胸肌、腿肌或翅根肌内注射等，更推荐使用胸部肌内注射，且应注意注射时针头大约与胸部呈 45° 角左右；腿肌注射有时会引起跛行，使免疫鸡行动困难。无论是皮下注射还是肌内注射，都不应注射过深，以免刺入颈部肌肉或腹腔，造成异常反应甚至死亡。

生长期较短的快大型肉鸡，建议在 7 ~ 10 日龄时用本疫苗颈部皮下注射免疫，剂量可加大至每只 0.5mL。

对于中速型肉鸡，建议 10 ~ 14 日龄、30 ~ 35 日龄分别用本产品进行免疫。若生长期超过 100 d，建议在 70 日龄左右时用禽流感 - 新城疫重组二联活疫苗免疫。

对于肉种鸡，建议在 2 周龄、6 周龄和 20 周龄左右分别进行免疫；开产后至少进行 1 次灭活疫苗免疫，或者根据受疾病威胁程度以及抗体监测结果进行免疫。在灭活疫苗免疫基础上，建议根据当地疾病流行情况每 3 个月左右使用 1 次禽流感－新城疫重组二联活疫苗。

使用剂量：2 ~ 5 周龄鸡，每只 0.3mL ；5 周龄以上鸡，每只 0.5mL。

使用注意事项：①禽流感病毒感染禽或健康状况异常的禽切忌使用本品。②本品严禁冻结。③本品若出现破损、异物或破乳分层等异常现象，切勿使用。④使用前应将疫苗恢复至常温，并充分摇匀。⑤接种时应使用灭菌器械，及时更换针头，最好 1 只禽 1 个针头。⑥疫苗启封后，限当日用完。⑦屠宰前 28 d 内禁止使用。⑧用过的疫苗、器具和未用完的疫苗等应进行无害化处理。

（五）技术依托单位

单位名称：中国农业科学院哈尔滨兽医研究所
联系人：田国彬
联系电话：18946066084
（供稿人：肉鸡产业技术体系禽流感防控岗位专家　田国彬）

十、禽流感二价灭活疫苗

（一）产品名称

禽流感二价灭活疫苗（H5N1、Re-6 株 +H9N2、Re-2 株，图 4-16）（农业部公告第 1735 号）。

（二）特征特性

该疫苗以重组禽流感病毒 H5 亚型 Re-6 株和 H9 亚型 Re-2

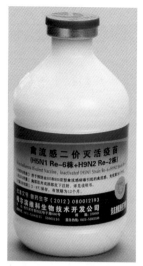

图 4-16　禽流感二价灭活疫苗（H5N1.Re-6株 +H9N2.Re-2 株）

株疫苗种毒制备。种毒的毒价高，针对性强，从而使疫苗产生的抗体高，免疫效果好。一次免疫能同时预防 2.3.2 分支 H5 亚型禽流感病毒和 H9 亚型禽流感病毒引起的禽流感。与免疫单价苗相比，减少免疫次数可以节省人力，降低因抓鸡、免疫注射等造成的应激反应；二价苗的价格远远低于 2 种单苗的价格之和，能够节约疫苗成本。

（三）适用范围

用于预防由 H5 和 H9 亚型禽流感病毒引起的禽流感。该疫苗可以在全国范围内用于各种禽类。

（四）技术要点

我国养禽业同时受到高致病性 H5 亚型禽流感和低致病性 H9 亚型禽流感的威胁，肉鸡、种鸡和蛋鸡等均需要进行这 2 种亚型禽流感的免疫预防。禽流感二价灭活疫苗（H5N1.Re-1 株 +H9N2.Re-2 株）于 2007 年获得新兽药证书，以后随着 H5 亚型禽流感病毒的更新而研制出新的产品（农业部只发布公告不再发新兽药证书），本产品于 2012 年通过新兽药评审。需要注意，本产品中的 Re-6 株 H5 亚型禽流感种毒是用针对 2.3.2 分支 H5 亚型病毒的，养禽者应根据当地禽流感的流行情况选择使用本产品；Re-2 株 H9 亚型禽流感毒种则适用于预防当前我国各地流行的 H9 亚型禽流感病毒引起的禽流感。

本产品可以单独使用用于预防 H5 和 H9 亚型禽流感，也可以与禽流感 - 新城疫重组二联活疫苗配合使用以增强禽流感的免疫保护。禽流感灭活疫苗与禽流感－新城疫重组二联活疫苗配合使用时，可以先免疫活疫苗再免疫灭活疫苗，也可以先免疫灭活疫苗再免疫活疫苗，还可以将灭活疫苗和活疫苗同时免疫，使用时应根据需要制定相应的免疫程序。制定免疫程序时，不仅需考虑禽流感疫苗在何时免疫，还要考虑其他因素对禽流感疫苗的干扰，例如，毒力偏强的法氏囊活疫苗能干扰禽流感疫苗抗体的产生并使保护率下降，需尽量延长与这类疫苗免疫的间隔时间。

本产品为油乳剂灭活疫苗，只能采用注射途径免疫，主要为肌内注射或颈部皮下注射。使用时，2～5周龄鸡，每只0.3mL；5周龄以上鸡，每只0.5mL。

对于生长期较短的快大型肉鸡，建议在7～10日龄时，用本产品进行1次免疫。

对于中速型肉鸡，建议10～14日龄、30～35日龄分别用本产品进行免疫。

对于肉种鸡，建议分别于14～20日龄、40～45日龄、130～140日龄等日龄免疫；开产后至少进行1次灭活疫苗免疫，或根据抗体监测结果免疫；辅以禽流感－新城疫重组二联活疫苗以增强禽流感的免疫效果。

使用注意事项：①禽流感病毒感染禽或健康状况异常的禽切忌使用本品。②本品严禁冻结。③本品若出现破损、异物或破乳分层等异常现象，切勿使用。④使用前应将疫苗恢复至常温，并充分摇匀。⑤接种时应使用灭菌器械，及时更换针头，最好1只禽1个针头。⑥疫苗启封后，限当日用完。⑦屠宰前28d内禁止使用。⑧用过的疫苗、器具和未用完的疫苗等应进行无害化处理。

（五）技术依托单位

单位名称：中国农业科学院哈尔滨兽医研究所

肉鸡养殖轻简化技术图册

联系人：田国彬

联系电话：18946066084

（供稿人：肉鸡产业技术体系禽流感防控岗位专家　田国彬）

十一、禽流感病毒H5、H7及H9亚型血凝抑制试验抗原与阳性血清

（一）产品名称

禽流感病毒 H5 亚型血凝抑制试验抗原；

禽流感病毒 H7 亚型血凝抑制试验抗原；禽流感病毒 H9 亚型血凝抑制试验抗原；

禽流感病毒 H5 亚型阳性血清；

禽流感病毒 H7 亚型阳性血清；

禽流感病毒 H9 亚型阳性血清（图 4-17 至图 4-19）。

（二）特征特性

血凝抑制试验（HI）是目前养禽业应用最广的血清学检测技

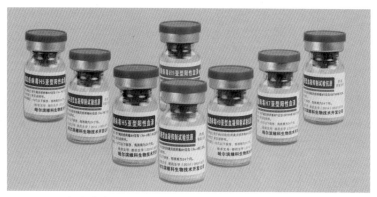

图 4-17　禽流感病毒 H5、H7 及 H9 亚型血凝抑制试验抗原与阳性血清

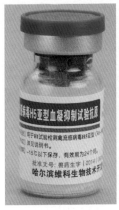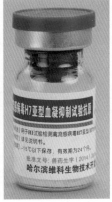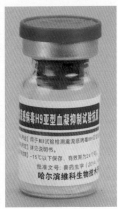

图 4-18 禽流感病毒 H5、H7 及 H9 亚型血凝抑制试验抗原

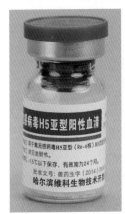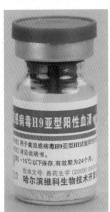

图 4-19 禽流感病毒 H5、H7 及 H9 亚型阳性血清

术，具有敏感、特异、设备简单、便于操作、成本较低、适于大批量样品检测的优点。禽流感病毒 H5、H7 及 H9 亚型血凝抑制试验抗原与阳性血清系列产品已经在临床上广泛应用，为我国应用范围最广、应用数量最多的禽流感诊断试剂。

（三）适用范围

用于血凝抑制试验。禽流感病毒血凝抑制试验抗原用于检测抗体，主要用于免疫禽群的免疫效果评估和非免疫禽群的血清学监测；禽流感病毒各亚型阳性血清主要用于血凝抑制试验阳性对照以及病毒的鉴定等。

（四）技术要点

禽流感病毒亚型众多，当前从禽体内分离的禽流感病毒 HA 亚型有 15 种，标为 H1 ~ H15，其中高致病性禽流感疫病一般均由 H5 或 H7 亚型病毒引起，而 H9 亚型禽流感是当前流行范围最广的禽流感病毒，因此，这 3 个亚型禽流感受到普遍关注，相关诊断试剂也是最常用的试剂。

禽流感病毒血凝抑制试验抗原和阳性血清从 1995 年开始由中国农业科学院哈尔滨兽医研究所全面研制，在 1997 年香港禽流感事件中获得大规模应用，于 2006 年分别获得了 H5、H7 及 H9 亚型血凝抑制试验抗原与阳性血清的新兽药证书，以后随着 H5 亚型禽流感病毒疫苗种毒的更新（如 Re-4 株、Re-5 株、Re-6 株、Re-7 株和 Re-8 株）以及新病毒株的出现（如 H7N9 病毒），经农业部批准，按原制造和检验规程生产出系列产品并应用。

当前，同一亚型（如 H5）不同毒株产品的标签名称相同，仅在标签的用途项中标示该抗原和血清的作用，购买和使用时应注意区分。

H5 亚型禽流感病毒不同毒株（如正在应用的 Re-6 株和 Re-7 株）间的抗原性差别较大，使同一血清用不同毒株抗原检测效价不同。因此，在进行免疫抗体检测时，所用抗原应与疫苗免疫毒株相对应。

H9 亚型禽流感病毒血凝抑制试验抗原和阳性血清目前可以适用于各 H9 亚型禽流感病毒株疫苗免疫的抗体检测和阳性对照。

我国尚未进行 H7 亚型禽流感疫苗的免疫，因此当前 H7 亚型禽流感病毒血凝抑制试验抗原和阳性血清主要用于禽群的血清学监测。

禽流感病毒 H5、H7 及 H9 亚型血凝抑制试验抗原与阳性血清使用时按中华人民共和国国家标准《高致病性禽流感诊断技术》（GB/T18936-2003）的血凝（HA）和血凝抑制（HI）试验操作步骤进行。

注意事项：①抗原和血清避免反复冻融，以免影响效价。②抗原和血清避免在冷藏条件下长时间存放，以免生长细菌或霉菌等影响检测结果。③反应温度应在室温（20℃～25℃）进行，必要时可在 4℃ 左右冰箱中孵育。④掌握好孵育时间，若抗原容易解脱，可在红细胞对照完全沉淀时迅速判读。⑤标准抗原稀释液浓度必须为 4 个 HA 单位 /25μL，应每天制备并须在试验前滴定。⑥红细胞悬液要始终符合标准，使用时应随时振荡、摇匀。⑦建议稀释液选用 PBS，反应体系为 0.075mL。⑧每次检测时均应设阳性血清对照，大批量检测时可以在试验的前、中和后期分别设阳性血清对照，以确保检测结果的准确性。

（五）技术依托单位

单位名称：中国农业科学院哈尔滨兽医研究所

联系人：田国彬

联系电话：18946066084

（供稿人：肉鸡产业技术体系禽流感防控岗位专家　田国彬）

十二、重组禽流感病毒灭活疫苗

（一）产品名称

重组禽流感病毒灭活疫苗（H5N1 亚型，Re-6 株，图 4-20）（农业部公告第 1735 号）；

重组禽流感病毒灭活疫苗（H5N1 亚型，Re-7 株）（农业部公告第 2093 号）；

重组禽流感病毒灭活疫苗（H5N1 亚型，Re-8 株）（农业部公告第 2174 号）。

（二）特征特性

重组禽流感病毒灭活疫苗（H5N1 亚型，Re-1 株）于 2005 年获得国家一类新兽药证书，是世界上第一个大规模应用的基因工程禽流感灭活疫苗。为应对我国 H5 亚型禽流感病毒的变异，适应禽

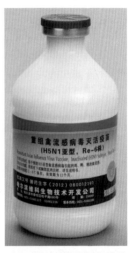

图 4-20 重组禽流感病毒灭活疫苗（H5N1 亚型，Re-6 株）

流感防疫的需要，我们先后研制出一系列重组禽流感病毒灭活疫苗产品（农业部只发布公告而不再发新兽药证书）。本文涉及的 3 个产品是针对当前我国流行的 3 类 H5 亚型禽流感病毒分别研制的，疫苗种毒是通过反向遗传操作技术重组构建的，种毒具有与流行病毒株高度匹配、在鸡胚上生长滴度高以及良好的生物安全性等优点，疫苗保护效果突出。

（三）适用范围

用于预防由 H5 亚型禽流感病毒引起的禽流感。重组禽流感

病毒灭活疫苗（H5N1 亚型，Re-6 株）和重组禽流感病毒灭活疫苗（H5N1 亚型，Re-8 株）分别用于预防当前流行的 2.3.2 分支和 2.3.4.4（又称类 2.3.4）分支 H5 亚型禽流感病毒引起的禽流感；由于这两个分支的病毒在我国呈全国性分布，而且可以感染鸡、鸭和鹅等多种禽类，因此，这两个疫苗可在全国范围内用于各种禽类。重组禽流感病毒灭活疫苗（H5N1 亚型，Re-7 株）用于预防当前流行的 7.2 分支 H5 亚型禽流感病毒引起的禽流感，由于目前 7.2 分支病毒仅分离自北方的鸡，因此农业部规定，该疫苗仅在北方部分省份的鸡中使用。

（四）技术要点

禽流感病毒容易变异，我国 H5 亚型禽流感病毒更是在进化过程中形成了多个 HA 基因进化分支，抗原性差别较大的不同分支病毒制备的疫苗一般不能对其他分支病毒提供完全的交叉免疫保护，因此需要及时更新疫苗的种毒。重组禽流感病毒灭活疫苗（H5N1 亚型，Re-6 株）和重组禽流感病毒灭活疫苗（H5N1 亚型，Re-8 株）分别于 2012 年和 2014 年通过新兽药评审，重组禽流感病毒灭活疫苗（H5N1 亚型，Re-7 株）于 2014 年通过新兽药评审。进行禽流感疫苗免疫时，须根据本地 H5 亚型禽流感的流行情况及农业部的免疫政策等选择适合本地应用的疫苗，有针对性地进行预防。

三种疫苗产品在实验室内免疫禽用同类病毒攻击，免疫禽均可获得完全保护（免疫禽不发病、不死亡且不排毒），表明疫苗均具有良好的免疫效果，可以单独使用来预防 H5 亚型禽流感。日前预防 H5 亚型禽流感的疫苗有灭活疫苗和活疫苗两大类，前者产生的 HI 抗体高，免疫期长，但基本上只能产生体液免疫；后者目前只有 1 种疫苗，即禽流感－新城疫重组二联活疫苗，能

同时产生体液免疫、细胞免疫和黏膜免疫，但其免疫抗体低且免疫期短。实际生产中，疫苗免疫效果受很多种因素的影响，H5亚型禽流感病毒又不断发生变异，因此建议将禽流感灭活疫苗和禽流感－新城疫重组二联活疫苗配合使用，使免疫鸡兼具两类疫苗的免疫反应，同时获得体液免疫、细胞免疫和黏膜免疫，从而在临床上获得更好的免疫效果。具体使用时应根据不同需要制定相应的免疫程序。

对于生长期较短的快大型肉鸡，建议在 7～10 日龄时，用 H5 禽流感灭活疫苗颈部皮下注射免疫；若同时免疫禽流感－新城疫重组二联活疫苗，则效果更佳。

对于中速型肉鸡，建议 7～10 日龄时用禽流感－新城疫重组二联活疫苗免疫，2 周后免疫 H5 禽流感灭活疫苗；散养鸡也可以用灭活疫苗和活疫苗同时免疫。

对于生长期超过 100 d 的肉鸡，建议采用 2 次免疫 H5 禽流感灭活疫苗和 1 次免疫活疫苗的免疫程序。

对于肉种鸡，建议开产前进行 3 次 H5 禽流感灭活疫苗免疫，开产后至少进行 1 次灭活疫苗免疫，或者根据受疾病威胁程度以及抗体监测结果进行免疫。在灭活疫苗免疫基础上，可根据当地疾病流行情况每 3 个月左右使用一次禽流感－新城疫重组二联活疫苗免疫。

本疫苗为油乳剂灭活疫苗，只能采用注射途径免疫。使用剂量为 2～5 周龄鸡，每只 0.3mL；5 周龄以上鸡，每只 0.5mL。

使用注意事项与禽流感病毒 H5 亚型二价灭活疫苗使用注意事项一致。

（五）技术依托单位

依托单位：中国农业科学院哈尔滨兽医研究所

联系人：田国彬

联系电话：18946066084

（供稿人：肉鸡产业技术体系禽流感防控岗位专家田国彬）

十三、鸡传染性法氏囊病活疫苗

（一）技术名称

鸡传染性法氏囊病活疫苗（Gt株）。

（二）技术概述

中国农业科学院哈尔滨兽医研究所分离鉴定了传染性法氏囊病病毒超强毒流行株 vvIBDV-Gx，获世界动物卫生组织（OIE）参考实验室认可并确定为中国 vvIBDV 参考毒株。为了更好地防控该病，哈尔滨兽医研究所禽免疫抑制病团队攻克了超强毒不易致弱和不易适应体外细胞培养的难题，将 Gx 株驯化培育，在 SPF 鸡胚和 CEF 上快速传代，得到生长特性稳定、毒价高、免疫原性好、适应细胞的的致弱毒 IBDV-Gt 株（图 4-21）。以其为毒种研制成功了高效、安全的 IBD 弱毒疫苗（Gt 株）。制定了《鸡传染性法氏囊病活疫苗（Gt 株）质量标准》、《鸡传染性法氏囊病活疫苗（Gt 株）制造及检验规程》，成功获得了国家新兽药注册证书〔（2006）新兽药证字 14 号〕和生产文号（图 4-22）。由于良好的推广应用效果，该产品还获得了国家重点新产品证书（2004 ED 125007）。

农业部组织的成果鉴定委员会对该疫苗进行了成果鉴定，认为：与国内外同类产品比较试验证明，抗体滴度和对国内不同超强毒株的保护率优于其他产品；该成果具有创新性，达到国际先进水平。该产品及其相关成果相继获得黑龙江省科技进步一等

奖（2008）、农业部农业科技一等奖（2009）、大北农科技特等奖（2011）。

（三）增产增效情况

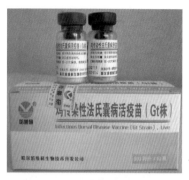

图4-21　鸡传染性法氏囊病
活疫苗（Gt株）产品图片

图4-22　鸡传染性法氏囊病
活疫苗（Gt株）注册证书

截止2011年底，该疫苗在全国21个省（自治区）推广应用10.7亿羽份，在5年的经济效益计算年限内，已获经济效益约20亿元；平均年经济效益4亿元。据中国农业科学院农业经济研究所测算，该项科研成果科研投资年均纯收益率达到9 658%，即平均每元科研投资每年为社会增加96.58元的纯收益，说明该成果的科研投资回报达到较高的水平。IBD是各类鸡场必防之病，由于该系列疫苗可以预防我国vvIBDV的流行，保护鸡群的免疫功能，降低对其他病原的易感性，其市场前景十分广阔，将会获得更大的经济效益和社会效益。

（四）技术要点

鸡传染性法氏囊病活疫苗（Gt株）源自传染性法氏囊病超强毒流行株，与我国当前流行毒株更匹配。该疫苗免疫效果确实，对蛋鸡和肉鸡均适用，可对我国不同地域毒株产生交叉保护。该疫苗低毒安全，不会损害免疫鸡的免疫系统，可避免由于中等或偏强毒力疫苗免疫而干扰禽流感疫苗等免疫效果的问题。

（五）适宜区域

无区域限制。

（六）注意事项

①疫苗为淡黄色疏松块状，若出现失真空、变色等现象则不能使用。

②饮水免疫接种前，鸡群停止饮水 2h。

③稀释液应用灭菌生理盐水或灭菌蒸馏水；饮水免疫时，应注意饮水槽的消毒与清洁，忌用金属容器。

④疫苗运输与保存时，应注意冷藏。

（七）技术依托单位

单位名称：中国农业科学院哈尔滨兽医研究所

联系地址：黑龙江省哈尔滨市马端街 427 号

邮政编码：150001

联系人：王笑梅

联系电话：18946066078

电子邮箱：xmw@hvri.ac.cn

十四、新城疫活疫苗（V4/HB92 克隆株）

（一）技术名称

新城疫活疫苗（V4/HB92 克隆株，图 4-23，图 4-24）。

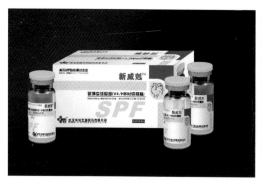

图 4-23 新城疫活疫苗（V4／HB92 克隆株）产品图片

图 4-24 新城疫活疫苗（V4／HB92 克隆株）注册证书

（二）特征特性

①新城疫活疫苗（V4/HB92 克隆株）与 NDAV4 母本株相比具有更好的免疫原性，免疫鸡群的抗体水平一致性好；

②新城疫活疫苗（V4/HB92 克隆株）具有耐热特性，保存运输可不依赖冷链系统，可常温稳定保存 6 个月；

③可滴鼻、点眼、饮水、拌料、气雾等方式免疫，使用更方便；

④同群感染效率高，免疫 50% 的鸡后与另一半鸡混合饲养，可达到全群免疫的效果；免疫鸡能自然排毒感染同群鸡只，因而免疫效果更确实。

（三）适用范围

鸡胚、各日龄的鸡、鸭及鹌鹑、鸽等特种经济禽类。

（四）技术要点

疫苗的稀释方法和使用方法：

1. 滴鼻／点眼免疫　一般用生理盐水作为疫苗稀释剂，使每 mL 含 20 羽份，用 1～5mL 注射器（不带针头）或专用滴瓶，对着鸡（鸽、鹌鹑）的鼻或眼滴 1～2 滴（0.05mL），待自然吸入即可。如果需加倍剂量免疫或减量免疫，可按比例增减稀释剂，将疫苗稀释至 0.05mL 含所要求的免疫剂量即可。

2. 饮水免疫　根据环境气温不同，鸡（鸽、鹌鹑）等的饮水量也不同，或者先实地观察计算一下所需要的饮水量。免疫前将鸡（鸽、鹌鹑）停止饮水一段时间（春、秋季 5～6h，夏季 3～4h）。1～2 周龄雏鸡按每只 2～3mL，1～2 月龄以上的青年鸡按每只 3～5mL 的饮水量稀释疫苗；每只鸽、鹌鹑按 1～2mL 的饮水量稀释疫苗，稀释疫苗用冷开水即可，禁止使用含有氯离子成分的自来水。稀释用水中可加入一定量的维生素 C 和广谱抗生素。疫苗稀释后在 1～2h 内饮完。

3. 拌料免疫　根据免疫鸡的日龄计算每日采食量，免疫前将鸡群停止采食 0.5d，根据鸡群半日的采食量（1～2 周龄每只鸡为 3～6g，1～2 月龄每只鸡 10～15g），用适量的冷开水稀释疫苗（根据试验设计的免疫量）拌料，饲料的湿度以手抓成团不见水（500g 料加入 50mL 稀释疫苗）为宜，所拌饲料需在 2～3h 内采食完。

4. 气雾免疫　只用于鸡的免疫。所需设备为气雾发生器。

①根据疫苗免疫剂量，通常采用加倍的剂量。稀释疫苗最好

用去离子水或蒸馏水，雏鸡以每羽份 0.2 ~ 0.3ml，青年鸡以每羽份 0.3 ~ 0.5ml 的用水量计算稀释疫苗，水中可加入 0.1% 的脱脂奶粉及明胶，稀释剂中不能含有任何盐类，因为雾粒喷出后迅速干燥引起盐类浓度提高，而影响疫苗病毒的活力。

②免疫前将鸡群停止饮水 3 ~ 4h，雾粒大小要适中，一般以喷出的雾粒中有 70% 以上直径在 1 ~ 12um 为好。雾粒过大，停留在空气中的时间太短，也容易被黏膜阻止，不能进入呼吸道；雾粒过小，则易被呼气排出。

③气雾时房间应密闭，减少空气流动，并避免阳光直射，免疫 20min 后才可开启门窗。必要时可在气雾免疫前后在饲料中加入抗菌药物。

5. 注意事项

①饮水免疫时忌用金属容器，所用水不得含有氯及其他消毒剂。饮水免疫前应停水 2 ~ 4h，保证每只鸡都能充分饮服。

②疫苗应随配随用，稀释后的疫苗应放冷暗处，必须在 4h 内用完。

③本品包装箱和包装盒为一次性使用品，用完后须销毁，使用后的疫苗瓶、器具及剩余的疫苗必须灭菌或消毒后妥善处理。

（五）技术依托单位

单位名称：湖北省农业科学院畜牧兽医研究所

联系地址：武汉市洪山区南湖瑶苑 1 号

邮政编码：430064

联系人：邵华斌

联系电话：13907198649

电子邮箱：shhb1961@163.com

（供稿人：肉鸡产业技术体系细菌病防控岗位专家　邵华斌）

第五章 饲养管理轻简化技术

一、肉鸡立体养殖管理技术

（一）技术名称

肉鸡立体养殖管理技术。

（二）适用范围

规模化笼养肉鸡养殖场。

（三）技术要点

1. 立体养殖　对一定数量规模的肉鸡采用全自动饲养设备，机械化作业，进行集约化密闭式饲养，通常采用 3 层以上层叠式立体设备进行养殖（图 5-1），运用先进科学技术和规范经营管理制度的现代肉鸡养殖模式。

图 5-1　肉鸡层叠式立体养殖

2.管理原则 立体养殖管理原则是"养重于防，防重于治"。

3.管理重点 立体养殖重点做好温度、湿度、饲料、饮水、饲养密度、通风、光照的控制和生物安全（病原微生物）的控制。饲养管理核心是"温、湿度通风的有效控制"，是管理者对通风系统、供温系统、笼具系统等系统操作的管控。

4.整体理念 立体养殖需要管理者具有整体理念，做到"调平衡，求恒定，养舒适"。

（1）**调平衡** 走道风速、前后风速、进风口风速要均衡，负压与风速、风向调节均衡。

（2）**求恒定** 进风口温差、昼夜温差、上下温差、前后温差、扩群温差、供暖温差、天气突变舍内外温差的控制，保证鸡舍内温度恒定。

（3）**养舒适** 养殖管理的目的是为肉鸡提供一个舒适的适宜生长的环境，要养活鸡，要"活"养鸡，随季而变，随鸡而变。

5.立体养殖每周饲养管理工作重点

（1）**进鸡前** 空舍期消毒质量的控制，饲养设备调试维修确保运转正常。

（2）**第1周** 注意换气，做好开水、开食与日常饲养管理，确保周末体重达标，淘汰弱雏，降低免疫应激。

（3）**第2周** 平衡通风与保温的矛盾，确保合适的温湿度。

（4）**第3周** 逐渐增大换气量,减少鸡舍前后温差,保持湿度,预防病毒性疾病，做好饲料过渡，适时下放调节板，适度限料。

（5）**第4周** 掌握通风与温度的平衡，实现平稳过渡，减少温差。

（6）**第5周** 做好通风，做好饲料过渡，过渡期间适度限料，预防消化道疾病的发生，促进鸡群采食。

（7）**第6周** 加强通风，保障肠道健康，促进鸡群采食，做好出栏准备。

6. 立体养殖温度控制

①雏鸡对冷敏感，成鸡对热敏感，要对不同周龄肉鸡提供适宜舒服的温度。小日龄雏鸡不需要降温的时候一定要实现无风换气。

②让每只鸡呼吸同样的新鲜空气，是养殖成功的保障。

③立体养殖上下温差的大小取决于供热方式、鸡舍的密闭性及饲养管理水平，平衡好上下温差是立体养殖成功的核心。

④层叠式立体养殖加大通风阻力，导致鸡笼内风速较小或感觉不到风速，笼内体感温度高于走道温度 1℃～2℃。在通风的过程中要观察鸡的舒适度，掌握鸡群的体感温度。

⑤育雏适温 32℃～34℃。育雏 3h 后逐步把温度提升到 32℃～34℃，观察舒适度，评判体感温度，看雏施温。

第一周：每天降 0.5℃，共降 3.5℃；第二周：每天将 0.4℃，共降 2.8℃；第 3～5 周每天降 0.3℃，共降 4.2℃；35 日龄后保持在 20℃左右。

每日下调温度应在上午 8～9 时进行，使肉鸡有一定的适应时间。应避免晚上调温，应全力确保舍内两端和昼夜没有温差。

扩群、免疫、天气变化、冷空气来临、外界气温低于 15℃时，夜间升 1℃～2℃防应激。

7. 立体养殖通风控制

①立体养殖通风是核心。立体养殖单位面积密度较大，随着个体的增长，通风的阻力也越来越大，体感温度也会越来越高，要加强通风的控制。

②在饲养中后期要保证通风动力充足，鸡舍前后拉通调平衡。

③立体养殖单位空间内有较高的饲养密度，需要在单位时间内增加通风换气量。单位体重的总通风量不变，在通风的单位时

间上增加通风量的 1.5 ～ 2 倍。

8.立体养殖避免顶层冷应激

①合理的鸡舍建筑设计是前提基础，需要合理的鸡舍高度和屋顶坡度，以及进风口高度。

②需要合理的负压和气流方向。负压过高中间顶层冷应激；负压过低两侧顶层冷应激。

③窗外需要安装挡风罩。

④春冬季在顶层加盖盖板或塑料布，可防止冷空气直接落到顶层鸡的体表。在严寒地区可以利用通风管进行通风换气。

（四）注意事项

1.春要稳　调内部。防气候突变时的温差，重点调控昼夜温差。白天多通风换气，晚上依靠锅炉升温来缩小温差。舍内外温差越小越要通风。4 周龄以后要利用温控进行通风。

2.夏要大　靠设备。防控供电系统出现故障，风量和风速依据温度来调控。

3.秋要好　轻补温。秋天是热转向冷的转变季节，要防昼夜温度的突然变化。

4.冬要捂　少量换。恒定温度缓通风，控制好进风口温差。

（五）技术依托单位

依托单位：山西大象农牧集团有限公司

联系地址：山西省太原市小店区经济技术开发区

邮政编码：030002

联系人：杨文超

电子邮箱：dx_ywc@126.com

二、立体养殖通风技术要点

(一)技术名称

立体养殖通风技术要点。

(二)适用范围

规模化笼养肉鸡养殖场。

(三)技术要点

1.立体养殖通风的目的 排出有害气体，提供氧气，创造一个优良的生长环境，使舍内温度均匀，排出湿气，让每只鸡享受同样的新鲜空气（图5-2，图5-3）。

2.立体养殖通风方式

（1）顶风机通风 使用屋顶风机通风，多用于春、冬季节，或夏、秋季节的1～21日龄的育雏期。

（2）过渡式通风 使用纵向风机，有多个进风口，风速相对

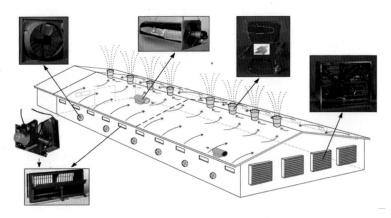

图5-2 立体养殖通风设施配备

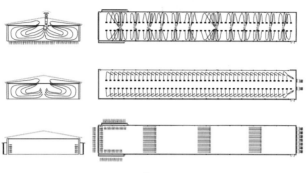

图5-3 立体养殖通风方式

较缓和，通风换气为主，用以调节温、湿度。可以利用过渡通风方式来实现最小通风系统的功能。

（3）纵向通风 使用纵向风机，配合水帘，适用于夏季降温（一般后期进行）。

3. 立体养殖冬季通风管理

①冬季密闭式鸡舍既要保温又要通风换气，要求鸡舍温度不能低于20℃。

②以最小通风量为标准，保证鸡体上方的气流速度较慢并且较长（时间）的气体交换。

③根据最小通风量确定风机的开启个数。

④根据舍内温度和风机个数来确定小窗开启数量，控制好负压和风速。当两个以上风机常转时考虑小窗全部使用，低于两个风机时，考虑关闭一半小窗。

⑤小窗开启以保证舍内通风的均匀性为原则，两侧小窗必须对称开启。

⑥小窗调整时间以保持舍内昼夜温度的相对稳定为原则。一般白天8∶30温度开始不断上升，此时根据舍温将小窗逐渐调大，

夜间 7：00～8：00 温度逐渐下降，根据舍温将小窗逐渐调小。

4. 立体养殖夏季通风管理

①夏季气候炎热，管理的要点就是如何防暑降温－散热。

②夏季使用隧道风降温。在炎热的夏季，利用周围空气的流速来加大对流散热量。

③通风管理

纵向通风的目的是增加通风量。通风量和风速相结合，降低鸡群的体感温度。

纵向风机全部开启以后，仍不能达到鸡群体感温度的要求，应使用湿帘蒸发降温系统。

在纵向通风中，用体感温度确定纵向风速，从而确定风机开启台数。

鸡背降温风速要求 1～2m/s，一般笼内风速在 1.2m/s 左右，利用好水帘降温和降低横截面积增加风速降温。

④水帘的合理使用

水帘降温，一般 25 日龄前能用风机解决降温时，不建议启动水帘降温，25～30 日龄期间让鸡群慢慢适应水帘，刚开始采用混合式通风。

水帘上水条件：鸡舍环境温度 28℃以上，空气相对湿度 70% 以下。

上水温度不能太低，常温水有利于蒸发降温。水帘要间歇上水。水帘为渐湿渐干的循环过程。纵向通风的水帘处的过帘风速控制 1.5～2m/s。

（四）注意事项

1. 最小通风系统使用注意事项

①鸡舍墙壁和屋顶密封良好，没有漏风处，保温隔热性能好。

②了解风机的工作效率，要保证有效通风，根据肉鸡日龄和体重设定风扇工作时间，保证最低通风量。

③风门开口大小要适宜，掌握在 2 ~ 5cm 之间。使用 2 台风机时，风门开口 2 ~ 3cm，使用 3 台风机时，风门开口 4 ~ 5cm。根据负压的大小，开口太大要增加风门数量，开口太小要减少风门数量。

④风门开启程度要整齐划一，大小一致。根据局部空气质量和温度状况再酌情调整。

⑤调整好进风口与排风口的比例，合理的负压与风速，立体养殖进风口不低于排风口的 1 倍。

⑥风速随日龄而变化，小日龄风速应慢，鸡背风速以 0.1 ~ 0.2m/s 为好。

⑦最小通风系统工作时，舍外冷风应从鸡的上方进入舍内，并有足够的风速（风口处 5m/s 以上），舍外冷风在接触到鸡之前，要与舍内暖空气充分混合。

⑧控制好鸡舍内的前后温差，哪一位置温度低就缩小该处进风口，哪一位置温度高就扩大此处进风口。

⑨鸡舍整体温度的高低由通风量大小来调节（通风时间与风机大小、多少），局部温度高低（温差）由进风口大小来调节。

2. 过渡式通风系统使用注意事项

（1）过渡通风的使用目的是排除鸡舍内多余的热量，控制体感温度适宜。

（2）过渡式通风一般在室外温度低于鸡舍目标温度的情况下使用。风门数量不足的要补足到与半数纵向风机相匹配。

（3）3 台及以上风机开启时要考虑到纵向风速对鸡群体感温度的影响，此时的体感温度应低于干球温度。

（4）通风级别温差的设定值要与当前湿度下的体感温差值相

一致，即以体感温度为标准。

（5）在保证舍内温度正常的前提下，舍内外温差越小，应尽量通风换气，做到循序渐进。

3. 纵向通风系统使用注意事项

①纵向通风的目的是增加通风量，降低鸡群的体感温度。

②在纵向通风中用体感温度确定纵向风速，从而确定风机开启台数。

③鸡背降温风速一般要求 1～2m/s。鸡背风速一般不超过2.5m/s。

④纵向通风要根据不同日龄，采用相匹配的鸡背风速，以获得相应的降温效果，温度、湿度和鸡背风速三者处于动态平衡。

（五）依托单位

依托单位：山西大象农牧集团有限公司
联系地址：山西省太原市小店区经济技术开发区
邮政编码：030002
联系人：杨文超
电子邮箱：dx_ywc@126.com

三、立体笼养设备选型要点

（一）技术名称

立体笼养设备选型技术。

（二）适用范围

规模化立体笼养肉鸡养殖场。

（三）技术要点

1. 立体笼养设备的选择

①笼网和支架采用优质钢材制作成型后整体进行热浸镀锌处理，坚固耐用防腐。

②笼具整体结构设计科学合理，便于饲养管理。每只鸡的占位面积 $0.05m^2$，既能满足体重 2.5kg 成鸡需要，又能尽量减少其活动范围，降低体能消耗。

③行车式喂料系统结构紧凑，操作方便，落料均匀，排料量可根据需要进行调整。

④选用料塔贮存饲料。

⑤饮水系统配套进口乳头，可确保 360°全方位出水，水量充足稳定。乳头的内芯和重锤选用不锈钢材料制作，加工精度高、密封严、耐磨损。

⑥清粪系统由纵向输粪机和尾端横向输粪机组成。输粪带选用优质 PP 材料制作。

⑦通风系统选用轴流风机进行负压纵向通风。风机扇叶为不锈钢材料冲压成型，百叶窗自动开启，具有转速低、风量大、耗电低、噪声小、通风换气效果明显等特点。

⑧降温水帘选用进口木浆纸制作纸垫，配套镀锌板外框和循环水系统，在负压风机的作用下降温效果明显。

⑨通风小窗选用优质 PVC 材料制作，安装在鸡舍侧墙上，可手动调节开启角度。

⑩控制系统由强电控制箱和 PLC 可编程温度控制仪组成，可根据需要设定舍内温度，实现自动控制风机和水帘的运转。在确保获得理想的温度时，将电耗降至最低。

⑪地暖供热以整个地面为散热器，通过地板辐射层中的热媒，

均匀加热整个地面,利用地面自身的蓄热和热量向上辐射的规律,由下至上进行传导,来达到取暖的目的。舍内上下温差,前后温差基本均衡。采用集中供热方式。

⑫照明线路、控制线路纵向安装在过道上方,将多条线路集中穿管保护,防老化、防鼠害、保安全。防水灯具采用梅花点状分布。

2.立体养殖设施维护保养　见图5-4。

图5-4　立体养殖设施

(1)笼具系统　包括笼具、架子、调节板、笼门,禁止踩踏,防止变形破损。

(2)喂料系统　包括料塔、喂料机、料槽。主要是电机减速器的保养,定期注入齿轮油,每批保养1次。

(3)通风系统　每周检查风机合页的弹簧以及风机皮带的松紧度。

(4)供暖系统　每天检查维护锅炉的软化水、除尘设备、出渣、炉排、安全阀等。

（5）饮水系统　包括乳头、调压阀、过滤器。为防止乳头堵塞，每次用药后及时冲洗水线。调压阀每批鸡出栏后需要拆开进行清洗。过滤器每天清洗 1 次。

（6）清粪系统　包括纵向横斜向出粪系统，加强机头机尾电机和链条的维护。

（7）注意事项　清洗鸡舍的时候注意应对电机、减速机、轴承、电控箱等做防水保护，保持表面清洁。冲洗鸡舍后，应对电机、减速机、轴承、链条等及时注油或涂油（黄油、机油），保证传动部位润滑和防锈。

（四）技术依托单位

依托单位：山西大象集团吴泰农牧机械有限公司
联系地址：山西省太原市小店区经济技术开发区
邮政编码：030002
联系人：陈文斌
电子邮箱：cwb0290@163.com

四、白羽肉鸡健康养殖新技术——网上养殖

（一）技术名称

白羽肉鸡健康养殖新技术——网上养殖。

（二）适用范围

我国南部、中部地区。

（三）技术要点

1. 做好进鸡前的准备工作　把鸡舍卫生清理干净，充分消

毒，保证鸡舍是一个没有传染病病原的干净环境（图5-5）。对所用设备及部件的维护与保养，保证设备在饲养周期之内都能够正常运行（图5-6）。网架：网架质量好坏对养好肉鸡起到关键作用。网架最好是钢结构（没条件也可用竹子或木条），要结实耐用，能承受一定压力，在网上免疫或者抓鸡时候，如果网架坍塌就会造成鸡和人

的伤亡。网架离地面高度70～80cm。钢架网上要平铺网孔1.5～1.8cm(直径)聚乙烯塑料网，要求塑料网质量要好，可以反复冲洗，有一定的柔性。

图5-5　准备上鸡的网上养鸡

图5-6　正常运转的设备

2. **温度控制**　温度关系到肉鸡的健康生长和饲料利用率。温度过低，雏鸡卵黄吸收不良，消化不良，引起呼吸道疾病，降低饲料报酬，增加胸腿病发生率；温度过高，鸡只采食量减少，饮水过多，生长缓慢。

由于网架距离地面有一定的高度，鸡舍内网架上面的温度计显示的温度要高于小鸡接触的塑料网的实际温度（高1℃～2℃）。所以，网上养殖温度控制显得更加重要。要做到"看鸡施温"，就是看鸡群的分布状态是否均匀，不能只看温度计。雏鸡互不拥挤，均匀分散，呈星状分布，活泼欢快，表示温度适宜（图5-7）。

图5-7 温度适宜的鸡群

3. 湿度控制 雏鸡对湿度很敏感，湿度过低易引起雏鸡的脱水，消化不良，身体瘦弱，均匀度差，并诱发呼吸道疾病；湿度过高，不利于羽毛生长，易繁殖病菌和球虫等。空气相对湿度为65%～75%，高温季节的湿度不低于40%，冬季湿度不超过80%，特别注意避免高温高湿对鸡造成的危害。

入雏时空气相对湿度达到70%以上。整个过程最好控制在55%～70%之间（表5-1）。

表5-1 理想湿度参照表

日　龄（d）	适宜湿度（%）	最高湿度（%）	最低湿度（%）
0～7	75	76	65
8～10	70	75	40

续表 5-1

日　龄 (d)	适宜湿度 (%)	最高湿度 (%)	最低湿度 (%)
11 ~ 30	65	75	40
31 ~ 45	60	75	40
46 ~ 60	50 ~ 55	75	40

　　4. 通风控制　　对饲养肉鸡来说，通风是最不易掌握的技术。可以说掌握通风技术的好坏关系到养殖成败。大部分鸡场出现发病都是由于通风不当引起，因此通风是养殖场重中之重，必须灵活运用，保证通风设备运转正常（图 5-8）。

　　适当通风换气，能够排除舍内污染的空气，换入新鲜空气，给鸡只供应氧气，并可以调节舍内的温度和湿度。随着肉仔鸡体重逐渐增加，换气量也要随之加大，合理的负压（控制在 10 ~ 20Pa 之间（图 5-9）会使进入鸡舍内的空气速度适宜，使空气混合恰到好处。

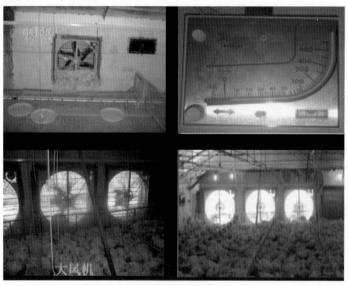

图 5-8　通风设备

5. 粪便处理　网上养殖比地面养殖在处理粪便方面具有明显优越性：网上养殖可以在地面建立一个刮粪板，定期把鸡粪刮到污水处理池中，使鸡舍内空气相对清新，鸡舍消毒效果明显增加。

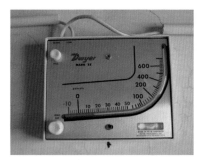

图 5-9　合理的负压

重点做好育雏关。雏鸡的健康程度关系到中后期是否能够快速成长和对疫病抵抗力，健康鸡群对传染病抵抗能力也强。重点做好雏鸡免疫，1 周龄体重达标，开口药的选择，科学安排开食等重要环节。

网上养殖比地面养殖相对干净卫生，鸡直接接触粪便的机会大大减少，各种传染病的发生率就大大降低，网上养殖一般不用免疫球虫疫苗，出栏 7d 前不再用抗生素。简化了免疫程序，降低免疫应激频率和药费，保证肉鸡产品安全。

（四）注意事项

①商品肉鸡的饲养是肉鸡产业链的核心环节，决定了整个肉鸡产业的效益和安全，是肉鸡产业最关键的环节，因此必须认真、细致做好商品肉鸡的饲养管理。

②规模化变成现代化必须以提高管理者专业素质和业务素质，使养殖设备效率发挥最大化。

③科学、健康、绿色养殖是未来养殖的总趋势，健康养殖必须改变传统的用药和饲养模式，最根本的问题是要改变传统养殖观念（滥用药）。

④养殖的终极目标是餐桌，养殖者责任和意义重大。

（五）技术依托单位

依托单位：山东省农业科学院畜牧兽医研究所

联系地址：济南市桑园路 8 号

邮政编码：250100

联系人：张秀美

联系电话：0531-88960334

传真号码：0531-88978476

电子邮箱：zxm820410@163.com

（供稿人：肉鸡产业技术体系潍坊综合试验站　张秀美）

五、"养殖技术金三角"：轻松养殖保健方案

（一）技术名称

"养殖技术金三角"：轻松养殖保健方案。

（二）技术概述

针对本地区养殖情况制定的养殖技术金三角"卫生消毒""疫苗免疫""药物保健"3 个重要环节，推动本地区肉鸡生物养殖概念，避免药物依赖等技术难关。解决鸡只抗病力低下难题，专注于病毒性疾病的治疗和预防肉鸡危险期面临的困局（图 5-10）。

1. **卫生消毒**　空舍消毒（欧福迪），带鸡消毒（威碘）。

2. **疫苗免疫**　传支本土化解决方案（LDT3 和 491），支原体全面免疫方案（TS11+MGK），禽流感全面解决方案（H5+H9）。

3. **药物保健**　特异性高效抗病毒（信必妥），最新抗菌促生长（普力健），新剂型抗生素制剂（杨乳）。

图 5-10　养殖技术金三角示意图

（三）增产增效情况

解决鸡只抗病力低下难题，专注于病毒性疾病的治疗和预防。肉鸡危险期面临的困局。有效解决鸡状况不佳时，活疫苗不能及时免疫难题，有效解决新城疫、流感易发难题，平稳度过危险期，有效解决 21 日龄免疫应激引发的呼吸道病。

（四）技术要点

① 21 日龄免疫应激大，呼吸道反应重。

② 21 日龄活疫苗免疫前，鸡群呼吸道病严重，免疫和不免疫陷入两难境地。

③ 4～5 周龄段，生长速度快，抵抗力低下，新城疫、流感等病毒病易发，流泪，肿眼，支气管堵塞等症状严重。不明原因采食下降。

（五）适宜区域

适宜我国北部季节交替明显区域的大型规模化养殖场。

（六）注意事项

灵活掌握饲养周期的衔接，平稳度过危险期。改变传统的用药和饲养模式，依靠科学饲养、科学免疫、做好生物安全。

（七）技术依托单位

依托单位：山东省诸城外贸有限责任公司
联系地址：诸城市东坡北街 6 号
邮政编码：262200
联系人：王春民
联系电话：13963627327
电子邮箱：chunmin.w@tom.com

六、规模化生态养鸡"553"养殖技术（模式）

（一）技术名称

规模化生态养鸡"553"养殖技术（模式）。

（二）适用范围

适应山区、丘陵的林下、果（茶）园养鸡。

（三）技术要点

一群鸡养殖规模不大于 500 只，每 667m² 地放养不大于 50 只，鸡群更新日龄 300d 左右。

1. 实行小群分散饲养　用于生态养鸡棚舍面积 40～50m²，每棚可饲养土鸡 400～500 只，棚（舍）间隔 200m 左右。

2. 一群鸡规模不大于 500 只　放牧情况下，以鸡舍为中心，鸡群的活动半径不大于 200m。群体过大，则鸡舍周边寸草不生，造成水土流失、生态恶化，而离鸡舍较远处鸡不去觅食，造成资源浪费。

3．每667m² 养殖密度不大50只　在非人工草地情况下，天然饲料资源有限，从维护生态环境出发，并保障鸡群能够吃到一定数量的牧草和昆虫，低密度饲养可达到节约饲料、改善肉蛋产品风味和品质的目的。

4．鸡群饲养300d 左右更新　一方面，生态放养鸡饲养300d左右时，产蛋高峰期已过；另一方面，300日龄左右时，鸡羽毛光亮完整，尚未脱落，卖相好，售价较高。此外，从鸡肉品质看，放养鸡养殖300日龄左右，肌肉鲜味、风味物质得到了充分的沉淀与积累，肉质细嫩，味道鲜美。因此，生态养鸡以生产鲜蛋和活鸡销售相结合，饲养300日龄左右是获取效益的最佳结合点。

（四）注意事项

①本技术主要适用于那些具有明显区域特色和一定消费需求。

②规模化生态养鸡要做好疾病防控。

③防止兽害。

（五）技术依托单位

依托单位：湖北省农业科学院

联系电话：027-87380190

电子邮箱：15927657060@163.com

（供稿人：肉鸡产业技术体系武汉综合试验站）

七、笼养种鸡精液稀释技术

（一）技术名称

笼养种鸡精液稀释技术。

（二）适用范围

笼养种鸡。

（三）技术要点

1.使用方法

① 稀释液与精液等温稀释：稀释液使用前放入装有38℃～42℃温水的保温瓶水浴加温至38℃左右，约30mim。使稀释液接近所采的公鸡精液温度。

②先将加热好的稀释液倒入约试管的 1/3 刻度处，用棉球包裹试管保温，再按常规方式采集公鸡精液，大约采精量与稀释液1：1时，盖好采精管，轻轻上下晃动采精管 5～8 次，充分混合精液。混合时不能剧烈摇动，防止影响精子活力。

③采完精液后立即进行人工输精。30～60mim 内用完，尽可能缩短精液离体放置的时间。

2.优　点

①能够延长两次输精的时间间隔，由原来的 4～5d 延长至7～10d，从而降低劳动量，节约劳动成本；

②比现有的人工授精技术减少80%以上的种公鸡饲养量，节约了大量的产蛋期间种公鸡饲料和种公鸡育成饲养成本；

③通过使用本稀释液，减少精子密度，给其提供充足的营养和足够的保护，以提高精子活力，延长精子在体外存活时间，提高受精率，从而增加出苗数量，可以提高种鸡养殖企业经济效益；

④在稀释液中加入适量的抑菌剂，可以预防产蛋鸡输卵管炎，减少次品蛋比例，从而提高了种蛋率、健雏率和雏鸡质量；

⑤由于减少人工输精的应激，每只母鸡可以提高 3 枚产蛋量（增加产蛋率 2%）。

（四）注意事项

稀释液 2℃～8℃ 保存，保质期在 1 个月左右。若出现絮状沉淀，切勿使用！正常情况使用稀释液一般受精率可以达到94%，入孵种蛋出雏在 91% 左右，减少了白痢等细菌性疾病的垂直传播概率，苗鸡更健康。但由于各品种的精液渗透压有较大区别，建议先做对比试验，成功后再使用！

（五）技术依托单位

依托单位：安徽省五星食品股份有限公司
联系地址：安徽省宁国市汪溪开发区
联系人：胡祖义
联系电话：0563-4456171
电子邮箱：583811099@qq.com
（供稿人：肉鸡产业技术体系宣城综合试验站）

八、林地种草"别墅"养鸡模式

（一）技术名称

林地种草"别墅"养鸡模式。

（二）特征特性

林地种草"别墅"养鸡是一种新型林下种草低密度小群分散饲养系统，在林地分散建造小型"别墅式"鸡舍，放养密度控制在 120 只 /667m²，并在林地种植菊苣等优质牧草，实行轮牧放养。该模式经济效益和生态效益显著，可充分利用闲置林地发展生态养殖，提高土地利用率，同时避免了传统林下养殖对林地生态的破坏，可以实现林、鸡、草、地四者的和谐共生和可持续发展。鸡群在散养期间可以采食到大量的青绿饲料，产品品质得到提高，同时可节约精饲料10%以上。

（三）适用范围

对高端特色禽类产品有需求的地区。

（四）技术要点

1. 鸡舍建筑和饲养管理

（1）林地选择　要求散养场地地势高燥，排水良好。林地树种最好为高大的落叶乔木，如杨树、板栗树、核桃树等，以便于夏季遮阴避暑、冬季增加光照。

（2）鸡种选择　以我国本地优质地方鸡种为宜，如北京油鸡等。

（3）鸡舍布局　每 $667m^2$ 林地建造鸡舍1个，每个鸡舍 $20m^2$。鸡舍在林地成排放置，预埋供水、供电线路。

（4）鸡舍建造　采用成本低廉的菱镁（无机玻璃钢）保温板建设。鸡舍建筑面积 $20m^2$，长5m，宽4m，脊高2.5m。舍外配套修建 $10m^2$ 沙浴池和 $30m^2$ 的活动场地。沙浴池及活动场地四周设1.8m高金属围网。鸡舍南北设双层玻璃塑钢窗1个，东侧设金属保温门1个，西侧设供鸡群出入的出入口1个，通向沙浴池。舍内配置自动饮水、自由采食喂料器。如果饲养产蛋母鸡，配备光照自动控制器和24穴标准产蛋箱1个（图5-11至图5-13）。

（5）饲养管理　鸡群0～6周龄舍内育雏，7周龄脱温以后放入林地散养。转群后鸡群先圈养1周，待鸡群熟悉环境后再逐渐放到林地散养。每个鸡舍可以饲养商品肉鸡160只、或者饲养商品蛋鸡120只。地面铺设稻壳作为垫料。

图5-11 林地种草"别墅"
养鸡模式

图5-12 林地种草"别墅"养鸡模式

2. 林地生草与利用

（1）草种选择 根据鸡
群的消化生理和林地生态特
点，一般选择菊苣等优质牧
草在林下种植。

（2）土地整理 根据林
地不同树种高度和密度，采

图5-13 舍外活动场地

用不同功率机械对树间空地进行翻耕平整，为牧草播种和出苗
提供良好的土壤条件。结合整地施用鸡粪作基肥，施用量为每
$667m^2$ 1t。

（3）播种技术 可春播和秋播，春播在4月中下旬，秋
播在7月中旬至8月初，秋播杂草较少，可以人工开沟播种或
利用小型牧草播种机进行，条播，行距20～30cm，播种量为
$1.2～1.5kg/667m^2$。播后及时镇压并浇透水，并在出苗前保持
地表湿润以利于牧草出苗。

（4）田间管理 菊苣苗期生长缓慢，易受到杂草的影响，人
工拔除杂草或用工具人工除草是建植成功的保障。越冬水和返青
水要及时并浇透，这是牧草正常越冬返青的保证。

（5）牧草利用　当菊苣生长到 25～30cm 时，可以放出鸡群让其自由采食牧草。为了充分保障草地的再生能力，需要实行划片轮牧或控制性放牧。为了鼓励鸡群采食牧草，可以减少喂料量 10%（图 5-14）。

图 5-14　北京油鸡和菊苣草

（五）注意事项

①林地的郁闭度应在 30%～70%。郁闭度太低，影响鸡群夏季遮阴避暑；郁闭度太高，影响牧草生长，且林地容易潮湿，鸡群易出现球虫感染。郁闭度太高的林地可以适当间伐，增加透光率。

②脱温鸡群放到林地散养的时间要根据气温灵活掌握。

③由于鸡群的活动范围小，鸡舍周边的草地极易被鸡群过度采食、践踏破坏，出现远近牧草采食不均衡的现象，因此一定要严格控制鸡群放养的时间和频率。鸡舍远处的牧草可以人工割喂。

④菊苣草为多年生牧草。但在北京等冬季温度较低地区，需要在霜冻来临前对草地浇水并进行地膜覆盖，保证牧草能顺利越冬，并促进春季返青。

（六）技术依托单位

依托单位：北京市农林科学院畜牧兽医研究所
联系地址：北京市海淀区曙光花园中路 9 号
邮政编码：100097
联系人：刘华贵
联系电话：010-51503472，13601351244
电子邮箱：liuhuagui66@163.com
（供稿人：肉鸡产业技术体系大兴综合试验站）

九、微生态健康环保养鸡技术

（一）技术名称

微生态健康环保养鸡技术。

（二）特征特性

该技术研发了一种低成本的养鸡专用益生菌。将鸡体内原籍乳酸菌进行分离培养，与其他有益菌（纳豆杆菌、枯草芽孢杆菌、酵母菌）成功复配，研制出一种复合益生菌产品，并提供菌种与技术指导，由养殖户承担最后菌液扩大培养工作，可大大降低益生菌的应用成本。

通过微生态制剂和配套技术集成，形成生态健康环保养鸡技术，达到改善鸡舍环境，改善动物福利与健康，提高成活率和生长速度，减少药物使用，全面提高家禽养殖水平。同时，降低养殖污染，最终达到保护生态环境和提高产品质量的目的。

（三）适宜区域

本技术的使用无区域限制。

（四）技术要点

生态健康养鸡的核心是微生物技术的综合应用，主要包括两方面的内容：微生态益生菌制剂的扩繁培养和使用技术，发酵床养殖技术在养鸡上的应用。

1. 益生菌液的扩繁和使用 将水提前煮沸消毒备用，取干净的可以密封的容器，按照益生菌液、红糖、水按照特定比例混匀，置于密封容器中，30℃～35℃密封发酵若干小时后就成为养鸡专用微生态制剂。

扩大培养的菌剂可用于鸡的生态养殖。饮水添加0.1%～0.3%；带鸡喷雾消毒0.1%稀释；拌料饲喂添加0.3%～0.5%；作为发酵床养殖的发酵剂。

亦可制作发酵饲料：将饲料、水、菌液、红糖按照比例拌匀，装入密封袋中，置于避光温暖的地方发酵30d，即成为微生态发酵饲料。按喂料量的10%加入全价料中，拌匀饲喂。

2. 发酵床养鸡垫料的制作及养护

（1）垫料原料的选择 根据鸡的生理特性，要求垫料必须具有透气性好，吸水性强，松软而无异物，可以采用稻壳、锯末等垫料搭配使用。

（2）发酵床专用发酵剂用法与用量 1kg可以制作垫料5m³或1t。将发酵剂加等量的红糖，用40℃左右的温水活化4h以上效果最佳。

（3）垫料的制作 发酵床养鸡春、秋、冬季垫料床的厚度不能低于30cm，夏天不低于20cm。按照比例将不同原料、发酵剂

混合均匀，调整水分 40% 左右。将调制好的垫料堆积成圆锥形的堆，覆盖上透气的麻袋或者编织袋。3d 之内翻堆 1 次，继续覆盖发酵 3～4d，摊开，上铺一薄层新鲜锯末，即可使用。

（4）发酵床的养护要求　水分控制在 40% 以下；经常翻松垫料，保证垫料的透气性；做好圈舍的通风管理；控制养殖密度：雏鸡阶段每平方米可饲养 20～30 只，要根据日龄和气温调整，接近出栏的鸡每平方米不要超过 8 只，一般 5～6 只，也可根据气候灵活掌握。

图 5-15　微生态制剂厚垫料发酵床养鸡

（五）注意事项

（1）微生态制剂原液只能扩大培养一次，不可多代次扩繁。

（2）培养好的菌剂要尽快用完，如暂用不完，应密封低温保存。

（3）菌液使用前，要充分摇匀。

（4）在使用益生菌的过程中，尽量减少抗生素的使用，如需全群用药，暂停使用益生菌液。

（5）制作好的发酵饲料开封后尽快用完，冬季不超过 2d，夏季不超过 1d。

（6）以上用法可单独使用，也可以组合使用。

（六）技术依托单位

依托单位：北京市农林科学院畜牧兽医研究所

联系地址：北京市海淀区曙光花园中路 9 号

邮政编码：100097

联系人：王海宏

联系电话：010-51503356

电子邮箱：13911048443@126.com

（供稿人：肉鸡产业技术体系大兴综合试验站）

十、优质肉鸡林下养殖关键技术

（一）技术名称

优质肉鸡林下养殖关键技术。

（二）技术概述

利用林地、果园、草场以及荒山荒坡等自然生态资源以放牧的方式进行优质肉鸡生产，通称"林下鸡"。在以养殖设施化为主要内容的标准化规模养殖发展进程中，林下鸡生产可谓传统畜牧业向现代畜牧业的一种过渡养殖方式，且在多极化的畜产品消费市场上，其产品可满足部分消费群体的需求。但是，无论以何种方式养鸡，都必须按照科学规范的饲养管理和卫生保健等规程操作，才能为消费者提供安全无公害的产品。有鉴于此，我们结合生产实际提出了优质肉鸡林下养殖关键技术，以期对林下鸡产业的健康发展起到规范与指导作用。

（三）技术要点

1. 选址、布局与设施　养殖场区应选择在地势高燥、背风向阳、环境安静、水源充足卫生、排水和供电方便的地方，且有适宜放养的林带、果园、草场、荒山荒坡或其他经济林地，满足卫生防疫要求。

场区布局应科学、合理、实用，节约土地，满足当前生产需

要，同时考虑将来扩建和改建的可能性。在紧靠放养场地，应设放养鸡舍(生长鸡舍)。放养鸡舍有固定式鸡舍和移动式鸡舍两种。面积按每平方米养12只鸡修建，内设栖息架，舍内及周围放置足够的喂料和饮水设备，使用料槽和水槽时，每只鸡的料位为10cm，水位为5cm；也可按照每30只鸡配置1个直径30cm的料桶，每50只鸡配置1个直径20cm的饮水器（图5-16，图5-17）。

  2.品种选用 品种选用既要符合《中华人民共和国畜牧法》的规定，也要满足消费市场的需要。由于林下鸡在市场上多被冠以"土鸡"称号，国外引进鸡种一般不适合用于林下鸡生产。考

图5-16 固定式放养鸡舍内栖息架、料桶及饮水器

图5-17 移动式鸡舍示例图

虑到地方品种生产效率太低，推荐选用以我国地方鸡种为育种素材，由国内育种机构培育且经国家畜禽遗传资源委员会审定的优质肉鸡配套系。这类育成品种既保持了地方鸡种的肉质风味和外貌特征，又大幅度提高了生长速度和饲料报酬，而且生长发育整齐一致。

3. 饲喂技术 根据日龄、生长发育、林地草地类型、天气情况决定人工喂料次数、时间、营养及喂料量。喂料应定时定量，不可随意改动，这样可增强鸡的条件反射，夏、秋季可以少喂，春、冬季可多喂一些，每天早晨、傍晚各喂料 1 次；喂料量随着鸡龄增加，具体为：5 ～ 8 周龄，每天每只喂料 50 ～ 70g；9 ～ 14 周龄，每天每只喂料 70 ～ 100g；15 周龄至出栏每天每只喂料 100 ～ 150g。

林下鸡生产早期多采用营养全面的饲料，以保障鸡群的健康生长；后期可以在配合饲料基础上搭配使用能量饲料。5 ～ 8 周龄：使用中鸡全价配合饲料；9 ～ 14 周龄：使用大鸡全价配合饲料加 20% 左右的能量饲料，如玉米；15 周龄至出栏，使用大鸡全价配合饲料加 40% 左右的能量饲料，能量饲料添加的比例随周龄增加。

实行公母分群饲养，各自在适当的日龄上市，有利于提高成活率与群体整齐度。实行分区间歇放养，根据饲养数量及当地放养条件决定间歇养殖的时间，一般两批鸡的间隔时间为 2 ～ 3 个月。

4. 适时出栏 为增加鸡肉的口感和风味，应适当延长饲养周期，控制出栏时间，一般应在 120d 以后出栏。尤其需要根据市场行情及售价，适当缩短或者延长出栏时间。

养殖户要进行成本核算，每一批鸡单独核算，做到心中有数。生产过程中应建立流水账目，包括支出及收入项目，针对性地减少特定支出而提高养殖利润。

（四）适宜区域

适合四川省及具有相似自然生态条件的我国西南地区。

（五）注意事项

林下鸡放养一般要 4 周龄之后，白天气温不低于 15℃时开始放养，气温低的季节，40～50 日龄开始放养。

坚持"宜稀不宜密"的原则。根据林地、果园、草场、农田等不同饲养环境条件，其放养的适宜规模和密度也有所不同。各种类型的放养场地均应采用全进全出制，一般 1 年饲养 2 批次，饲养密度每批不超过 80 只 /667m²。

重视消毒和防疫，如做好定期消毒，切断传染源。对鸡舍、散养场地地面进行严格消毒；外来人员严禁入场；鸡场应根据各地流行的鸡疫病种类进行免疫。

（六）技术依托单位

依托单位：四川省畜牧科学研究院

联系地址：四川省成都市锦江区二环路东四段牛沙路 7 号

邮政编码：610066

联系人：杨朝武

联系电话：028-84555593

（供稿人：肉鸡产业技术体系育种规划与核心群建立岗位专家 蒋小松）

十一、防汛抗洪期间肉鸡养殖应急技术措施

（一）技术名称

防汛防洪期间肉鸡养殖应急技术措施。

（二）适用范围

全国肉鸡养殖场。

（三）技术要点

1. **汛前**　洪水等灾前信息的收集、发布。

检查、加固鸡舍。检查、疏通排水沟。仔细检查场内电线线路，确保供电正常。同时垫高饲料等物资保存架，防止水浸。

迅速将饲养在地势低洼生产区的鸡转移到安全地带；笼养鸡以最低层不受淹为限。

尽快销售处理到达出栏日龄的肉鸡和达到淘汰日龄的肉种鸡，以减少损失。

及时贮备饲料、疫苗、兽药和垫料等物资，防止汛期道路中断影响正常生产。

2. **汛中**　本着"生命第一"的原则，各肉鸡企业和试验站的防洪防汛小组应紧急抢救、转移受洪涝、台风威胁生命安全的肉鸡企业职工。

及时将正在被洪水威胁的鸡转移至安全地带。

水灾发生时，如鸡舍有险情，及时增加支撑柱，以及利用常用的防汛物资块石、碎石袋、草袋等方式加固，以防鸡舍倒塌。

涝期间，气温偏低，鸡舍应采取局部保湿，以防受冷。

汛期地面潮湿，平养鸡舍地面环境污染严重，应及时清理粪

便，用稻草、谷壳、细刨花或其他吸湿性强的垫料加厚，以防鸡群暴发大肠杆菌病、鸡伤寒、肠炎等疾病。

汛期地面水受污染，应避免平养鸡饮地面积水。

汛期日照大大减少，应加强光照。产蛋鸡种鸡舍每天给予16～17h 的连续光照，光照保证不低于32lx。

汛期通常风雨交加，应关好门窗，但同时要注意通风换气，以防一氧化碳等气体中毒，导致死亡。可在风弱雨止的间隙及时打开半窗换气。如有换气设备的鸡舍可定时通风换气。

汛期饲料易受潮，严禁使用霉变饲料；饮水或饲料中补充多种维生素、电解质等保健、抗应激药物。

3. 汛后　检查、加固鸡舍。检查、疏通排水沟。仔细检查场内电线线路，确保供电正常。

强化生物安全措施，尤其是做好圈舍周围消毒卫生，防止细菌、病毒等侵入。

适时免疫，密切监测抗体水平和鸡群动态，有效预防传染性支气管炎、禽流感、新城疫等常发病发生。

及时补充饲料等生产物资。

（四）注意事项

应根据汛情程度灵活调整防汛抗洪措施，如遇严重汛情，应优先保护人身安全。

禁止使用汛期发现的霉变饲料。

（五）技术依托单位

依托单位：广东省农业科学院动物科学研究所
联系地址：广州市天河区五山大丰一街1号
邮政编码：510640
联系人：瞿浩

联系电话：020-38794151

传真号码：020-38694797

电子邮箱：qhw03@163.com

（供稿人：肉鸡产业技术体系遗传育种与繁殖研究室岗位科学家　舒鼎铭）

十二、黄粉虫人工养殖及养鸡利用

（一）技术名称

黄粉虫人工养殖及养鸡利用。

（二）特征特性

黄粉虫又名面包虫、旱虾，在昆虫分类学上隶属于鞘翅目，拟步行虫科，粉虫甲属，原是仓库中和贮藏室的常见害虫，后经人工培育为人类所用。国内外均有黄粉虫养殖的记录，养殖历史长达 100 多年。我国在 20 世纪 50 年代由北京动物园从前苏联引进并开始饲养，以后逐渐传播至全国各地（图 5-18）。

图 5-18　黄粉虫

农业部已经将昆虫饲料列为被推荐的 10 种节粮型饲料资源之一，在 2013 年新版饲料原料目录中将昆虫列入其中。黄粉虫已经成为昆虫产业开发的热点，全国各地均出现了饲养黄粉虫的热潮，黄粉虫在我国将成为继桑蚕、蜜蜂养殖之后的第三大昆虫产业。黄粉虫以麦麸、农作物秸秆、糠粉及蔬菜、落果、瓜皮等为主要食物，且能充分利用

农业废弃物资源，建立循环农业。同时，其本身饲养不会产生任何环境污染。黄粉虫生长速度快，繁殖系数高，抗病力强，生长周期短，饲养简易，利于实现规模化、工厂化、标准化养殖（图5-19）。

图5-19　黄粉虫养殖

黄粉虫幼虫为多汁软体动物，可作为鲜活饲料用于饲养一些观赏性的鱼、鸟、龟、蝎、蛇、蛙等价值较高的特种经济动物，黄粉虫已经成为养殖观赏动物和经济动物的蛋白质饲料支柱。在畜禽饲料中，用黄粉虫替代鱼粉制作配合饲料，效果更好。黄粉虫的粪便可作为良好的有机肥料，或作为鱼、畜禽的饲料原料使用。

黄粉虫经烘烤、煎炸等多种方式加工可成为各种营养高、口感好、风味独特的优质食品。我国每年有大量的黄粉虫干品出口。

该技术将黄粉虫养殖应用到家禽健康养殖体系，建立起物质和能量的生态循环。利用黄粉虫的杂食性、腐食性特点，转化利用废弃果菜和其他有机物，虫体投喂家禽，可提高家禽的群体健康和肉蛋品质。

（三）适宜区域

全国各地均可。

（四）技术要点

包括黄粉虫的养殖技术和产品的利用技术两部分。

1. 黄粉虫的养殖技术

（1）养殖设备设施　养殖舍要求具备一定的保温隔热功能，

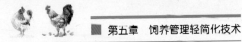

以保证全年生产。养殖架可以用货架形式，具备一定承重稳定性。养殖盒根据养殖架设计，可采用塑料盒或纸盒。成虫取卵筛包括取卵盒和产卵筛，要有防止逃逸的覆膜。此外，包括筛沙分离筛和分级筛。

（2）养殖饲料　根据养殖场就近取材，麦麸、蔬菜、瓜果皆可作为黄粉虫的饲料。

（3）不同虫态的管理　包括种虫的繁育、卵期的孵化、小幼虫、大幼虫、预蛹幼虫、成虫的管理等，制定有详尽的管理技术操作规程。

2.饲料添加使用

（1）黄粉虫　鲜虫3%～5%，干虫1%～3%。

（2）虫沙　替代麦麸使用，添加量少于8%。

（五）注意事项

（1）黄粉虫养殖过程要有充足的蔬菜供应，保证黄粉虫的生长速度，降低养殖成本。

（2）活虫投喂要尽量保证鸡群采食均匀，以保证产品的均一稳定。

（六）技术依托单位

依托单位：北京市农林科学院畜牧兽医所

联系地址：北京市海淀区曙光花园中路9号

邮政编码：100097

联系人：王海宏

联系电话：010-51503356

电子邮箱：13911048443@126.com

（供稿人：肉鸡产业技术体系大兴综合试验站）

十三、高效液相色谱荧光检测法同时检测鸡组织中阿莫西林和氨苄西林残留

（一）技术名称

高效液相色谱荧光检测法同时检测鸡组织中阿莫西林和氨苄西林残留。

（二）适用范围

根据我国农业部 2003 年颁布的第 235 号公告，对家禽组织中的阿莫西林和氨苄西林做出了最高残留限量（MRLs）规定，本技术适用于各类肉鸡组织中阿莫西林和氨苄西林残留的检测。

（三）技术要点

1. 样品的提取、净化与衍生化 称取 3g 剪碎后的鸡肌肉（或肝脏或肾脏）组织，置于 50mL 的具塞离心管中，添加 0.01mol/L 的磷酸二氢钠溶液（pH4.5）3mL，17 000r/sin 匀浆 30s。添加 8mL 乙腈冲洗匀浆刀头并转入匀浆液中，振荡混匀，水浴超声 15min。4℃下 10 700r/sin 离心 15min，转移上清液至另一干净离心管，重复提取，合并上清液。添加 5mL 用 75% 乙腈饱和的正己烷，振荡混匀，静置并去除上层溶液，重复去脂 1 次。添加 15mL 超纯水饱和的二氯甲烷溶液，振荡，10 700r/sin 离心 5min。转移上清液至 10mL 玻璃管中。将玻璃管中收集的上清液置于真空干燥器中浓缩至干。向玻璃离心管中加入超纯水 1mL，分别加入 20% 三氯乙酸溶液 200μL、水杨醛 20μL，漩涡混匀 20s，100℃水浴加热 30min。反应后取出样品，水浴冷却，将样品转移到 2mL 离心管中,并用磷酸二氢钾／乙腈（V：V=65：35）

混合溶液洗涤玻璃管 2 次，合并后定容至 2mL。12 100r/sin 离心 15min，取上清液用 0.22μm 针头式过滤器过滤，滤液供高效液相色谱分析。

2. 高效液相色谱测定方法　色谱柱：CNW　AthenaC18-WP 柱，粒径 5μm，4.6mm(i.d)×250mm；流动相：A 为 0.01mol/L 的 KH_2PO_4 溶液，pH5.5；B 为乙腈溶液；流速：1mL/min；荧光检测器：激发波长 358nm，发射波长 440nm；梯度洗脱程序：0～10min，65%A；11～18min，40%A；19～22min，65%A。进样体积：200μL；柱温：40℃。在上述优化的色谱条件下，测得鸡肌肉、肝脏、肾脏中 AMO 的保留时间分别约为 8.85min、8.99min、8.88min，AMP 的保留时间分别约为 17.26min、17.41min、17.35min，色谱峰峰形较佳，均为基线分离峰。空白提取液在上述时间无干扰峰出现，以鸡肌肉色谱图为例，见图 5-20。

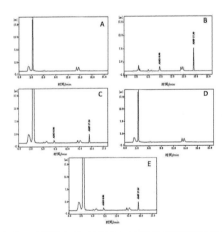

图 5-20　鸡肌肉中 AMO 及 AMP 的高效液相色谱图

注：A. 水杨醛；B. AMO（25μg/L）及 AMP（25μg/mL）混合标准品；C. 空白鸡肌肉；D. 空白鸡肌肉添加 AMO 及 AMP 标准品；E. 给药后的鸡肌肉

（四）注意事项

①样品采集须具有代表性，样品处理用量不少于 3g。

②样品提取、净化、衍生化后的溶液必须用 0.22μm 针头式过滤器过滤后，滤液才能供高效液相色谱分析。

（供稿人：肉鸡产业技术体系肉品检测与评价岗位专家　王金玉及团队成员谢恺舟、张跟喜）